哈佛凌晨四点半

社会精英底层能力的培养逻辑

韦秀英——编著

北京时代华文书局

图书在版编目（CIP）数据

哈佛凌晨四点半 ：2021 新版 / 韦秀英编著. — 北京 ：北京时代华文书局，2021.10（2022.1 重印）
ISBN 978-7-5699-4352-8

Ⅰ. ①哈… Ⅱ. ①韦… Ⅲ. ①成功心理－青少年读物 Ⅳ. ① B848.4-49

中国版本图书馆 CIP 数据核字（2021）第 161116 号

哈佛凌晨四点半：2021 新版

HAFO LINGCHEN SIDIANBAN: 2021 XINBAN

作　　者 | 韦秀英

出 版 人 | 陈　涛
选题策划 | 樊艳清
责任编辑 | 樊艳清
执行编辑 | 王凤屏
特约编辑 | 薛纪雨　刘昭远
封面设计 | 木玉银文化 syyart@qq.com
版式设计 | 赵芝英
责任印制 | 訾　敬

出版发行 | 北京时代华文书局 http://www.bjsdsj.com.cn
北京市东城区安定门外大街 138 号皇城国际大厦 A 座 8 楼
邮编：100011　电话：010－64267955　64267677
印　　刷 | 唐山富达印务有限公司　010－83670070
（如发现印装质量问题，请与印刷厂联系调换）
开　　本 | 710mm×1000mm　1/16　印　　张 | 15　字　　数 | 216 千字
版　　次 | 2021 年 10 月第 1 版　印　　次 | 2022 年 1 月第 4 次印刷
书　　号 | ISBN 978-7-5699-4352-8
定　　价 | 36.00 元

前言
让时间增值的起床大作战

哈佛大学矗立在查尔斯河对岸，也矗立在世界高等学府之巅。

有人说，哈佛大学是精英的“培养皿”——只有精英学子，才有机会被哈佛大学录取。而从哈佛毕业的学生，更是精英中的精英，他们在各个领域中发光发热，像无数闪亮的星辰！

截至目前，从哈佛大学一共走出了8位美国总统、160位诺贝尔奖获得者、18位菲尔兹奖（数学领域的最高奖）获得者、14位图灵奖（计算机科学）获得者、30位普利策奖（新闻）获得者以及无数社会精英……哪怕是哈佛大学的辍学生，也有很大的名气，比如微软的创始人比尔·盖茨和脸书的创始人马克·扎克伯格。

哈佛大学为什么能够培养出这么多杰出人才呢？

最根本的原因就是哈佛重视培养学生的底层能力。一个人的底层能力，决定了他的人生高度。什么是底层能力呢？就是能力金字塔最底部的能力。只有底层能力坚实可靠，才能在此基础上培养和衍生出更多的能力，才能让自己的能力金字塔越来越高。

比如，懂得时间管理，才能合理安排好自己的日程；懂得精力管理，才能让自己保持最佳的精神状态；懂得情绪管理，才能更好地对抗各种负面情绪的干扰；懂得保持勤奋、自律和危机感，才能自主学习、刻苦学习……

年轻人想要成为社会精英，就必须从培养底层能力开始。因为它是一切能力的基础。

哈佛大学在培养学生底层能力的过程中，并不仅仅停留在让学生“知道”的层面，而是要求学生必须“做到”——“知道”很容易，因为各种方法、理念，在文章中、讲座中、课程中随处可知；“做到”却很难，因为看过、听过、学过的方法、理念，必须运用在现实生活中，让这些成为自己认知的一部分、能力的一部分，这样的能力才能称为“底层能力”。

那么，哈佛大学是如何一步步培养学生底层能力的呢？

在本书中，你将找到最好的答案！本书从时间管理、精力管理、情绪管理、情商和逆商培养、专注力培养等多个方面作为切入点，以详细的案例和具体的方法作为基础，让读者朋友能够清楚、明白地理解哈佛大学是如何培养社会精英的底层能力的。

当你真正懂得了社会精英底层能力的培养逻辑，你也能够成为精英中的精英！

目录

第三章

你可以不早起，但一定要早醒

第四章

黄金一小时：起床之后，最应该做的事情

第五章

在不曾早起过的时间里，做点“非常规”的事

第一章

晨型人：成功人士的作息属性

新的一天，应该从凌晨四点半开始

你有没有思考过一个问题：新的一天，应该从什么时候开始？

日本作家川端康成在凌晨四点钟醒来，发现旅馆里的海棠花未眠，于是开始思考人生美学，最终写出了著名的散文《花未眠》。

在《清晨高效能》（［美］达蒙·扎哈里亚德斯著）中说了一个关于科比的故事：美国篮球巨星科比坚持在凌晨四点起床。虽然他有顶级的运动天赋，但天天早起练球、做训练，日复一日、年复一年。有记者问科比："你为什么会如此成功呢？"

科比反问记者："你知道洛杉矶凌晨四点钟是什么样子吗？"

记者摇头说："不知道，那你告诉我，洛杉矶的凌晨四点钟是什么样子？"

科比说："满天繁星，灯光寥落，行人很少。"

说到这里，科比突然笑了，接着说："其实洛杉矶每天凌晨四点钟仍然在黑暗中，我就起床行走在黑暗中的洛杉矶的街道上。一天过去了，洛杉矶的黑暗没有变化；两天过去了，黑暗依旧没有变化；十多年过去了，洛杉矶凌晨四点钟的黑暗仍旧没有变化，可是我变得肌肉强健了，有体能和力量，并且成为一名投篮命中率很高的运动员……"

科比的一席话让记者动容，也让他成为万千球迷心中永远的偶像。虽然科比已经离开了这个世界，但他留下的高度自律精神、不屈不挠的进取心，化为了洛杉矶凌晨最明亮的星！

成长的经历会告诉你：每天早起五分钟，人生将被赋予另一种可能；每天多付出一点努力，一天不见回报，一个月不见回报，一年不见回报，但十年一定会有所回报的。

现在，我们再将目光放在凌晨四点半的哈佛大学——这所世界顶级学府，如今灯火通明，随处可见埋头学习的哈佛学子。他们自主学习，自己安排课余时间去完成导师布置的作业，或者学习其他自己感兴趣的知识。即便到了深夜，甚至是凌晨，哈佛图书馆里仍旧座无虚席。

除了图书馆，哈佛校园里的其他地方，比如学生餐厅、教室、实验室，甚至是医疗室里，全都是刻苦学习的哈佛学子。他们认真地看书、专心地做笔记、小声地讨论问题……

到底是什么样的动力，让这些哈佛学子如此勤奋、如此努力呢？

这可能与哈佛的学风有关！哈佛校训中有这样一句话："假如你想在毕业以后，在任何时间、任何地点都如鱼得水，并且得到大众的欣赏，那么你在哈佛求学期间，就不会拥有闲暇的时间去晒太阳！"虽然不是每一位哈佛学子都会在凌晨四点半起床学习，但无论什么时候，哈佛校园里都能见到学生埋头学习的身影。所以，哈佛又被称为"不夜城"。

哈佛大学校园有49座图书馆，其中24小时开放的拉蒙特图书馆，最受学生的欢迎。因为学生可以在里面学习，也可以在里面小憩……到了早上六七点，查尔斯河对岸到处是早起的哈佛学子。他们有的在晨跑，有的匆忙赶往教室，有的抬头仰望日出……

这时候的你，是否还躺在舒适的被窝里，美美地睡觉呢？

很多年轻人的清晨是这样度过的——闹钟响起的时候，马上摁掉，再睡几分钟；当闹钟继续响起时，又一次摁掉；直到非起床不可的时候，才揉着惺忪的双眼，悻悻下床……

有一句话说得很好：每天叫醒你的不是闹钟，而是你的梦想。

哈佛学子能够早起，能够自主学习，是因为心中有梦想。当一个人为了自己的梦想去努力时，是心甘情愿地去努力，并且会有源源不断的动力，再大的困难都可以去克服。

尽管不是每一位哈佛学子都能在凌晨四点半醒来，但他们永远不会把时间浪费在被窝里。当闹钟响起的时候，他们会立刻起床，迎着朝阳追赶自己的梦想。

如果你也有自己的梦想，那就坚持早起吧！时间是一天一天过去的，梦想是一步一步实现的。只要你能够勇敢坚持下去，你也能够看到凌晨四点半的海棠花与星光。

永不浪费——哈佛大学“时间使用指南”

在哈佛大学，“时间管理”是最重要的课程，甚至比创新、战略、格局等课程更受学生的喜爱与重视。在进入哈佛的第一学年，导师会故意将学生的“时间表”安排得满满当当。这样可以很好地锻炼学生应变、抗压能力，以及时间管理能力。

哈佛学子也不是徒有虚名，他们每天坚持早起，研究各种案例、参加各种讨论小组，同时还能够兼顾娱乐和社交。时间在每个人那里都是一样的，但是不同的人，能让相同的时间产生不同的价值。哈佛学子每天也只有24小时，他们却能秉承“永不浪费”的原则，珍惜每一分、每一秒的时间。在哈佛学子看来，时间才是最宝贵、最重要的资源，失去什么东西，也不能失去时间。因为每一寸光阴都拥有生命的质地，珍惜时间就是珍爱生命。

美国管理学大师彼得·德鲁克说过：“不能管理时间，便什么也不能管理。时间是世界上最短缺的资源，不严加管理，你就会一事无成。”

我们也看到，那些父母口中“别人家的孩子”、老师赞不绝口的“学霸”，都是时间管理的高手。哈佛大学同样要求学生拥有超前的时间观念，为了让学生懂得高效能地利用时间，哈佛大学甚至为学生制定了专业的“时间使用指南”，其目的就是让孩子养成“永不浪费时间”的好习惯。

哈佛校园里一直流传着“神童”罗伯特·奥本海默的故事。

1922年秋天，奥本海默考入哈佛大学。在选择专业的时候，他犹豫了很久，因为他曾梦想成为古典文学家、诗人或者画家，不过最后他还是选择了更接近“现实”的专业——化学。他想通过自己的能力去改变世界，化学或许是一条很好的途径。

学习期间，他十分重视时间管理，每天都在和时间赛跑。

清晨，他总是第一个起床，第一个进入实验室；中午，他匆匆忙忙地吃一片夹心面包，然后又投入到实验之中；晚上，他都是最后一个离开实验室且经常会学习到凌晨。

他知道自己的每一分钟应该用在什么地方，虽然每天学习的时间比一般人长很多，但生活仍旧井井有条。因为他“惜时如命”、刻苦努力，所以他只用了三年时间，便把学分修满了，并且成绩优异。这在当时几乎是无法做到的奇迹，为此他也被哈佛人称为“神童”。这位“神童”也没有让人失望，1945年，他主导制造出世界上第一枚原子弹，终于以自己的能力改变了人类社会的格局。

世界上真的有“神童”吗？答案是肯定的，但是拥有超强天赋的人，最后不一定创造奇迹，不过懂得利用时间，并且刻苦努力的人却可以！奥本海默成功的最主要因素，便在于时间管理，他能够有效地利用时间，也就掌握了世界上最短缺的资源。

在哈佛，时间管理课一直是教授和学生眼中的重中之重。如果你觉得奥本海默的时间管理术已经年代久远，那么现在来看看当代哈佛大学生的一天时间是怎么安排的。

2018年，一位名叫约翰·费舍（John Fish）的哈佛学霸走红网络，因为他拍摄了一段视频，记录了自己在哈佛的一天是怎样度过的。视频中，约翰·费舍将一天要做的事情做成计划表，每件事情在什么时候去做、需要花费多少时间，都在计划表中一目了然。

约翰·费舍在视频中说道：“昨天是低效的一天，我的闹钟响了，几个星期以来我第一次按下了闹钟并赖床了。我认为，你每天早上做的第一件事情，会为当天定下基调。这就是为什么我每天早上，都希望能高效地起个好头。但当我按下赖床按钮时，我便以放弃抵抗的方式开始新的一天，这就像滚雪球效应，会让一天都变得低效而糟糕……”

约翰·费舍能够将每天的时间安排得井井有条，除了坚持早起、按计划行事以外，更重要的是他还具有自律精神。当我们每天抱怨“时间不够用”的时候，都应该扪心自问一下：我是否存在浪费时间的行为？我是否制订出学习计划？我是否拥有自己的“时间使用指南”？

时间管理的方法有很多种，但是在哈佛大学，教授和学生所推崇和应用的“时间使用指南”，可以总结为以下几点：

1. 效率是时间管理的第一法则

同一个问题，有人半小时就解答出来了，有人却要花费半天的时间，区别就在于大脑运转的效率。如果能够在相同的时间，做更多的事情，时间是不是就会“多”出许多呢？高效率就是用最少的时间，做最多的事情，只要能提高自己的效率，就能让时间增值。

2. 做任何事情之前一定要做好计划

在每一天或者每一周开始之前，花一点时间做好计划，否则很容易出现手忙脚乱的情况。时间管理最大的问题就是，时间永远不知道花在了哪些地方。因此，一定要提前做好计划：你可以把每周或者每天要做的事情全部记录下来；太大的任务可以分解成几个较小的任务，然后给每个任务打上“时间戳”。

3. 分清事情的“优先级”

时间要用在刀刃上，因此你必须分清楚，哪些事情是必须做的，哪些事情是想要去做的，根据优先级将它们进行排序。如果发生冲突，我们应该放弃优先级较低的事项，举一个简单的例子：每天八个小时的睡眠时间是必要的，如果想要参加派对，也不能影响到睡眠时间，那么按照优先级排列，睡够八小时排在参加派对之前。

4. 享受时间管理带来的成就感

当你圆满完成某个任务时，内心通常会有满满的成就感。这种成就感会激励你继续努力，珍惜时间，永不浪费。当然，每个人对成就感的理解不同，有人认为“掌控时间”是一种成就感；有人认为“节省时间”是一种成就感；也有人会因为“不浪费时间”而产生成就感。无论怎样理解，成就感都会成为时间管理的巨大动力。

富兰克林有一句名言：“你热爱生命吗？别浪费时间，因为时间是构成生命的材料。”

如果不懂珍惜时间，我们的生命也将变得杂乱无章，许多时间也会浪费在琐碎的小事之上；相反，珍惜每分每秒的时间，做好时间管理，才能让一切井井有条。

哈佛大学的“时间使用指南”值得我们学习和借鉴。

其实，我们每个人每天都拥有相同的时间，只不过每个人对时间的态度不同——是躺在床上等待生活的暴击，还是早起创造人生的奇迹，完全取决于你自己的选择！

他们能在早餐前就把今天的工作搞定

早起，对很多人来说，都是一件很痛苦的事情。

尤其对一些贪睡、懒惰的年轻人来说，更是如此。但可能你不知道，很多优秀的成功人士，都有早起的好习惯，他们甚至能在早餐前就把今天的工作搞定……

这听起来是不是有点不可思议呢？

美国作家达蒙·扎哈里亚德斯写过一本书叫《清晨高效能》，书中描写了他在亚马逊工作时的清晨时间安排：凌晨4点起床，倒上一杯咖啡，认真整理和回顾前一天的销售数据；5点半洗个热水澡，穿好衣服去星巴克写作；7点半吃个简单的早餐，然后去公司。

这样的时间安排，让他轻松地完成了工作任务，并且还抽出时间完成了自己的梦想——撰写时事周刊和出版一本畅销书。然而，当他从亚马逊辞职之后，一切都变乱了。

他开始享受自由的时光，每天早晨不设闹钟，让自己睡到自然醒。每天的起床时间，也从以前的凌晨4点，变成了上午10点。然后是浏览新闻和博客、随便吃个早餐、收拾好东西、出门去咖啡馆……这时通常在上午11点到下午1点之间，反正已经很晚了。

事后，他不止一次反思自己这段“自由时光”，他几乎浪费了所有清晨的时间，整天都没有计划和安排，做事没有任何动力，人没有得到放松，反而变得越来越焦虑了。

他认真对比了以前的清晨和现在的清晨，自己完全是两种状态。最终，他还是毅然决定，要重新重视每一个清晨，要让自己重新回到以前那种充满活力、效率惊人的巅峰状态。

世界上有很多的成功人士，他们身上都有一个共同特点，那就是珍惜时间。因为他们生活繁忙，每一分、每一秒的时间都无比珍贵。所以，他们往往会选择早起，利用短暂而高效的清晨时光，去做更多的事情。

星巴克的前首席执行官霍华德·舒尔茨每天凌晨4点半起床，给员工发邮件、健身、骑车、遛狗……这些事情做完之后，还会回家陪妻子喝一杯咖啡，然后才去办公室。

苹果公司创始人乔布斯在《用思想改变世界》一书中写道："活着，就是为了改变世界！"，他生前曾公开表示，自己年轻时，每天4点起床处理邮件，然后健身、看书；年龄大一点，就早晨6点起床，先把一天中重要的工作做完，然后陪家人吃早餐，最后送孩子上学……

迪士尼公司首席执行官罗伯特·艾格在接受《财富》杂志采访时说，他每天凌晨4点半起床，因为那时候不会有太多干扰，能做很多事情……对此，哈佛商学院教授比尔·乔治还专门撰文指出："像艾格这样有意地锻炼，能够帮助领导者更具创造力，更易接受新观点新思路。"

很多时候，你只看到别人的成功，却没有看到别人背后付出的艰辛。成功的人，总会比别人多付出一点点。无论这"一点点"是时间、精力，或者是努力，都能拉开人与人之间的距离。所以，当看到别人登上成功的领奖台，你不必惊讶，也不必羡慕，这都是别人付出努力之后应得的荣誉。世界上没有轻而易举的成功，所有的进步都是用汗水换来的。

哈佛校训里有这样一句话："我荒废的今日，正是昨日殒身之人祈求的明日。"

当别人早早起床，将一天的工作做完之后，你是不是还在被窝里做着美梦呢？别人珍惜每一分、每一秒的时间，总想在有限的时间里做更多的事情；而你在白白浪费时间，早晨不想起床，晚上不想睡觉，美好的时光匆匆而逝，最后留下的又是什么呢？

今天一步赶不上，明天步步赶不上

哈佛图书馆里有这样一句名言："You must run fast if you even don't take a pace."翻译成中文就是"今天不走，明天要跑"。这是最典型的哈佛人的时间观。

对于任何人来说，时间都是终身供给的，又是转瞬即逝的，为什么有的人总是时间充裕，而有的人总是感觉时间不够用呢？因为每个人的时间观念不同，时间管理的能力也不一样。只有管理好自己的时间，才是真正地拥有时间。

你看看时钟的指针，它一秒一秒地转动，时间一点一点地离你而去。如果你不在意时间，不去关注，一天一天的时间、一年一年的时间，就那样"悄无声息"地流走了。

一个人的能力提升和知识积累也是如此，一点一点，一天一天……大家都朝着同一个方向奋力前行，谁都不想落于人后，因为大家都知道：今天一步赶不上，明天步步赶不上！

在哈佛大学，学生都将"终身学习""每天都进步一点点"作为自己的目标，这也和哈佛学生的时间观念紧密相关。学习就像逆水行舟，不进则退。如果能够珍惜每一天的时间，获得一点点的进步，长期积累下去也会学有所成。

同时，你必须给自己一点"危机感"，要知道每时每刻都有人奋力前行，你稍有松懈，就会被远远地甩在身后，那时即便你使出全身解数，也不一定能够追赶上别人了。

美国前总统富兰克林毕业于哈佛大学，他曾经说过："珍惜今日，你将拥有两倍的明日。"伟大的剧作家莎士比亚也曾说过："时间的大钟只刻着两个字，那就是——现在！"

因此，你应该把目光放在今天，放在现在，放在此时此刻。这也是哈佛人对时间所持有的态度——昨天已经变成回忆，明天还没有到来，我们所拥有的只有今天、只有现在！

从今天出发，不断积累和进步，这样才能成为同龄人中的佼佼者。

在很多人心目中，哈佛都是殿堂般的高等学府，能够进入哈佛的学生无疑是优秀的人才。中国每年也有不少学生进入哈佛学习，其中有一位很特别的女生，她的名字叫朱成。

她为人十分低调，名气并不高，但是她的头衔和荣耀闪闪发光。她是哈佛建校370年以来第一位担任哈佛研究生协会主席的中国人。

她从小就是一个勇于超越自我的人。小时候，她的身体虚弱，跑步的时候总是倒数几名。母亲安慰她说："只要努力追赶前一个学生，就是成功。"

母亲的激励立竿见影，以后每次跑步的时候，她都朝着一个目标努力追赶，不断进步。

这样的"追赶"策略还被她运用到学习上。定下目标之后，她就努力"追赶"，学习成绩不断提升，最终以优异的成绩考上北大，毕业后又顺利考上哈佛大学，并获得了奖学金。

在进入哈佛学习的第二年，她便拿到了教育硕士学位，成绩全是A，还被哈佛文理研究生院聘任为全职教师。在教学的同时，她也没有放弃学习，一年后又被教育研究生院录取，成为一名博士生。由于有哈佛的教学经验，个人综合素质也很强，她最终成为哈佛教育研究生院的学生会主席，并且获得了杰出工作奖——该学院对学生的最高奖励。

虽然朱成的成功之路难以复制，不过年轻人可以借鉴她的"追赶"策略，在不断“追赶”目标的过程中，不断超越自我，不断获得进步。

哈佛前任校长鲁登斯坦曾说：“从来没有一个时代，像今天这样需要不断地、随时随地地、快速高效地学习。过去，一个人全部知识的80%是在学校获得的，其余20%则依靠在工作阶段的学习获得；而现在完全相反，在学校学习到的知识不过占20%，而80%的知识都需要你在漫长的一生中通过不断学习和实践获得。那种依靠在学校时学习到的知识就可以应付一切且受用终身的时代，已经一去不复返！”

一个人想要不断进步，就要不断学习，但学习不仅仅发生在学校里，还应该当成一种“终身事业”。这也是哈佛大学希望学生能够坚守的行为习惯——在人生中的每时每刻都不忘学习。

中国台湾的一名著名作家曾给21岁的儿子写过这样一段话：“孩子，我要求你读书用功，不是因为我要你跟别人比成绩，而是因为，我希望你将来会拥有选择的权利，选择有意义、有时间的工作，而不是被迫谋生。当你的工作在你心中有意义，你就有成就感。当你的工作给你时间，不剥夺你的生活，你就有尊严。成就感和尊严，给你快乐。”

在很多年轻人看来，时间是不可捉摸的。但只要你把握今天，在此刻努力，你的步伐将变得沉着而稳定。当你成长得足够强大时，就更有能力去管理好自己的时间，而不是被时间追赶，被迫谋生。如果现在你还在犹豫彷徨，请记住哈佛图书馆里的那句箴言：“今天不走，明天要跑！”今天的努力可能会让你汗流浃背，但明天的喝彩声一定响彻云霄。

到处是十分努力的人，你必须做到“满分努力”

哈佛大学公开课教授迈克尔·桑德尔来中国演讲时说过这样一段话：“一块土地再肥沃，如果不去耕种，也长不出甜美的果实；一个人再聪明，如果不懂得勤奋，也目不识丁。”

古往今来，无论科学家、政治家还是文学家，都离不开“勤奋”二字。在残酷的现实社会，大家都靠实力说话，一切都显得平等而公正。懒散的、不思进取的人，最后只能平庸；进取的、勤奋的人，一定会得到更多的机会。

很多年轻人可能都有这样的经历：在懵懂的青春岁月，你以为只要努力考上大学，命运就会发生质的改变，不过到了大学毕业之后才赫然发现，就算有了文凭也不一定能够找到一份让人满意的工作。当你终于找到自己梦寐以求的工作，又发现一切都和自己想象中的不一样——这个世界上根本没有真正让人“满意”的东西。这时候，你的梦想仿佛被击碎了一般，你也渐渐无所适从，对未来充满了未知和恐惧。

中国的一位教育学家曾经说过：“当今社会的大学生已经不能再自诩为社会的精英，而应该把自己定位成一个普通的劳动者，然后进行就业选择和就业竞争。”的确，在这个竞争越来越激烈的社会，普通的大学生再不敢轻易将“精英”的帽子戴在自己的头顶上，不过真正的“精英”也必然出于年轻一代，只要你足够努力、足够优秀，就有机会脱颖而出。

不过，年轻人也时常发出这样的抱怨——我没有什么学习天分！我不够聪明！我努力了就是学不好！我不如别人！事实真的如此吗？或许只有到了哈佛的校园里，你才能找到不一样的答案。哈佛学子用他们的实际行动告诉你 “天才出于勤奋”的道理。

或许你没有太高的天赋，但是勤奋能够让你变得出色。正如伟大的艺术家雷诺所说的那样：“假如你没有别人聪明，也没有什么特殊的能力，那么勤奋将会弥补你的不足；假如你拥有明确的目标，做事的方法也很恰当，那么勤奋将助你获得成功！”

同时你也要明白：在你的身边，到处都是十分努力的人，你必须做到“满分努力”，才能够脱颖而出，打败所有的竞争者。

因此，永远不要抱怨自己能力不够，很多时候，不过是努力不够而已。

中国有一个成语叫“户枢不蠹”，意思是说，如果我们的门轴经常转动，就不会被虫蛀蚀。即经常转动的东西不容易腐坏，比如我们的大脑就是如此，勤于动脑，才能更加聪明。年轻人的大脑十分活跃，如果没有让脑细胞活跃起来，大脑就会陷入抑制状态，时间久了，大脑的灵活度会大大地降低。

人人都懂得“天才出于勤奋”的道理，可是真正能够用现实的行动去证明和诠释这个道理的人，少之又少。勤奋努力地学习之所以能够创造出天才，是因为其中包含着坚持与顽强，也包含着勇气与智慧。如果能够将这些品质结合起来，并且付诸于现实的行动，便有了成功的基础。

在正常情况下，一个人所付出的勤奋和努力与他得到的回报都是成正比的！当你感到学习有一定压力的时候，当你觉得自己付出了努力却没有得到回报的时候，你应该扪心自问一下：自己到底有没有做到“满分努力”？

你十分努力了，并不能说明你比别人更加勤奋，因为你身边到处都是十分努力的人。只有做到“满分努力”，才能让你超越平庸的界限，让自己的潜能得到充分发挥。

美国西点军校有一句名言："在放弃之前，先问问自己是否真的已经竭尽全力。"

很多人说自己"做不到"的时候，其实并不是没有能力做到，而是没有"满分努力"而已。就像《孟子》里的一段话："挟泰山以超北海，语人曰'我不能'，是诚不能也。为长者折枝，语人曰'我不能'，是不为也，非不能也。"意思是说：让一个人把泰山夹在胳膊下跳过北海，这人告诉他人说"我做不到"，这是真的做不到。让一个人为老年人折一根树枝，这个人也告诉他人说"我做不到"，这是不愿意做，而不是真的做不到！

所以，你觉得自己是"不能"，还是"不为"呢？

如何用“C^-”的能力创造出“A^+”的成功

大多数年轻人都有远大的梦想，却没有实现梦想的能力。

于是，梦想变成了自命不凡，变成了心比天高，变成了怀才不遇。

现代社会充满了机遇，真的会有怀才不遇的情况吗？显然，只要你有能力，就有发展的平台；只要你比别人优秀，就能脱颖而出。问题的重点，不在于梦想的大小，而在于能力的大小。最怕你没有能力，又怀抱“远大的梦想”。

马云曾经说过：“梦想必须有，万一实现了呢？”

人人都应该有自己的梦想，这是绝对正确的事情。可是，当一个人的梦想太大，而自身的能力又十分有限时，就需要冷静思考：如何用“C^-”的能力创造出“A^+”的成功？

梦想远大，没什么问题，年轻人应该有“野心”。虽然“野心”在一定程度能够激发人们积极向上的动力，但仍旧被多数人定义为贬义词。因为野心往往和贪心、自负、不切实际联系到一起。不过，世界上获得巨大成功的人，不都是“野心勃勃”吗？

美国加利福尼亚大学的心理学家迪安·斯曼特研究发现：“野心”是人类行为的推动力，人类通过拥有“野心”，可以有力量攫取更多的资源。而这种“整合资源”的能力，正是大多数人走向成功的关键因素。

2004年，还在哈佛大学研读心理学和计算机专业的马克·扎克伯格突然产生了一个想法，他想建立一个网络平台，供哈佛学生学习交流。

这个想法无疑是充满野心的，对正在上学的马克·扎克伯格来说，更是困难重重。

那么，他是如何用“C^-”的能力创造出“A^+”的成功？答案是整合一切资源。

那时候，马克·扎克伯格拥有的资源十分有限，但为了实现自己的“远大梦想”，他决定奋力一拼。首先，他向导师寻求帮助，解决一些技术上的难题；然后和同学一起商量，攻克了无数难关，最后是寻找投资商……如此一步一步，经过很长一段时间的努力，几乎用尽了自身的所有资源，最终创立了世界最著名的社交软件Facebook。

这让他在23岁的时候就被《福布斯》杂志评选为“最年轻的亿万富翁”，之后又被《时代杂志》评选为“2010年年度风云人物”。

马克·扎克伯格的成功并不是一个奇迹，虽然他的梦想远大，但懂得整合自身资源为自己的远大梦想服务。当然，最重要的是：他的能力可以支撑起梦想！

无论制定目标，还是实现目标，最重要的一点就是给自己一个准确的定位，哪怕缺少平台，手中所拥有的资源十分有限，也不能自暴自弃、灰心失望。相反，如果你拥有良好的可利用资源，自己本身也很优秀，同样不能眼高手低、好高骛远。

如果你拥有一个良好的平台，可以站在较高的起点上高速发展，那么你绝对是一个稀有的幸运儿。绝大多数年轻人并没有这样的“好运”，他们没有较高的起点，也没有太多的资源可以利用，所以只能付出更多的努力去实现自己的梦想。

卢梭曾经说过：“当一个人的能力大于一个人的野心，这个人才很强；否则，就是弱。”

当一个人的能力大于梦想时，如果梦想远大，说明这个人的能力确实很强；但如果梦想很小，则不能说明这个人有多强。这是相对来说的，在评价一个人的能力时，梦想是最好的参照物。相反，在评价一个人的梦想时，能力又是最好的参照物。

年轻人可以怀抱远大的梦想，但能力一定要跟上。当你觉得梦想遥不可及的时候，可以降低梦想的高度，让目标更容易实现；也可以提升自己的能力，让自己离梦想更近一点！

进或者退，取决于不同的人生态度！

释放潜能吧！你能掌控的不只是时间

自从哈佛大学的霍华德·加德纳教授提出“多元智能理论”之后，很多人开始重视发掘自身隐藏的潜能——哪怕自己身上有无数缺点，但只要有一个优点，就能让人兴奋不已！

霍华德·加德纳教授的“多元智能理论”指出，每个人身上至少有七种智能，它们分别是语言智能、数理逻辑智能、音乐智能、究竟智能、身体运动智能、人际交往智能和自我知识智能。由于每个人的自身条件不同、生活和教育环境不同，所拥有的智能也不同。因此，每个人身上都有不同的优势智能与弱势智能组合，也就形成了优点与缺点。

“多元智能理论”一经提出，便在教育界引起了巨大反响——如果教育者能够正确认识学生身上的优点与缺点，便能够因材施教，最大限度挖掘学生身上的潜能。所谓“多一把尺子，就会多一个人才”，学生身上的任何一种潜能，都有可能焕发出无限的光芒。

对学生个人而言，发现自身的优点，能够增强自信心，并且找到最适合自己的学习方向和方法，从而释放自身的潜能，可以创造奇迹，可以让人生达到前所未有的高度。

人的潜能到底有多大呢？看完下面这个故事，你就明白了。

从古希腊开始，长跑运动员就试图在四分钟之内跑完一英里，为实现这个目标，有人曾喝过虎奶，有人曾被狮子追赶过，可是仍然没有人能够达到这个目标。

几乎所有教练、运动员甚至是医生都断言：人类不可能超越四分钟跑完一英里的极限，因为我们的骨骼结构不一样，肺活量不够大，风的阻力又太大了……理由实在多得离奇。

然而，有一位名叫罗杰·班尼斯特的运动员，却打破了纪录完成了四分钟跑完一英里的壮举。更让人意想不到的是，在这之后的一年中，居然有超过300位运动员在四分钟之内跑完了一英里的路程。他们知道罗杰可以做到后，相信自己也能做到，最后就真的做到了。

这个故事也充分说明，人的潜能是无限巨大的。只要潜能被打开，身体和心理上的极限就会被打破。然而，在现实生活中，很多人妄自菲薄，不知道自己的潜力究竟在什么地方。

其实，每个人身上都有一座潜能的宝库，只是很多人并不知道，也无法将这些与生俱来的潜能发挥出来。他们只会给自己寻找退路，在困难面前选择后退。他们只会觉得前途渺茫、人生灰暗，只会站在原地抱怨世界的不公平。他们从来没有想过，自己也有无限的潜能。

作为年轻人，一定要善于发掘自身的潜能，找到藏在自己身体里的宝藏。你可以培养自己的兴趣爱好，学习多个领域的知识，在兴趣中找到自己的优势智能，发现自己的潜能所在。

著名教育家苏霍姆林斯基曾经说过："教育的目的不是将孩子的精神世界变成单纯地学习知识，假如我们力求让孩子的全部精力都专注到功课上，那孩子的生活将变得难以忍受。孩子不应该仅仅是一个学生，还应该是一个有着多方面兴趣、要求和愿望的人。"

在应试教育的大环境中，无论老师、家长抑或其他人，几乎都将分数当成衡量孩子是否优秀的标准。所有人可能都忘了，孩子并不是"生而为学"的，他还是具有好奇心、探索欲和各种兴趣爱好的人。因此，在哈佛的教育理念中，学习并不是第一大事，而是更着重于培养学生对学习的兴趣——能够让学生在兴趣中找到乐趣，在乐趣中发掘自身的潜能，在释放潜能的过程中创造奇迹，这才是最好的教育方式！

前段时间，一位中国台湾女孩在SAT（哈佛学术能力评估考试，用于甄选奖学金申请人，分英语和数学两科，总分1 600分）考试中拿了满分，却没有拿到哈佛的录取通知书。女孩的母亲打电话质问校方，校方十分礼貌地解释说："她除了1 600分之外什么也没有……"可见，SAT拿了满分也不一定能够得到哈佛的青睐，哈佛招生办更看重的是学生的综合素质。除了专业成绩之外，学生在其他方面的表现是否优秀也很重要，比如在音乐、体育、艺术等方面的表现是否优秀。

哈佛大学首任女校长德鲁·吉尔平·福斯特曾说："孩子们的将来必定是和各个国家不同文化背景的人在一起工作和生活。所以，了解整个世界也成为他们的必修课。"

她建议年轻人每年应该去一个陌生的地方，让自己获得足够多的生活经验，发现自己的兴趣点以及潜能所在。当然，并不是所有年轻人都有条件、有能力做这样的事情，但是你可以在课本之外发现自己的兴趣点，试着去做自己最想做的事情，去学习自己最想学的知识，竭尽全力，如果发现"不可为之"的话，再回到自己力所能及的事情上面，这时候同样可以踏踏实实地学出好成绩，并且内心不再充满疑惑，因为你已经从生活经验中获得了成长。

学习应该以兴趣为基础，在兴趣中愉快学习，在兴趣中发掘潜能！

那些整日被锁在学校和辅导班的学生，那些整日埋头工作的年轻人，都应该走出去体验不同的社会生活，获得更多的经验。在多种体验之中，找到自己的兴趣点，发掘自身的优势，明确自己未来的方向。这样才能愉快地工作和学习，并且做起事情来毫不费力！

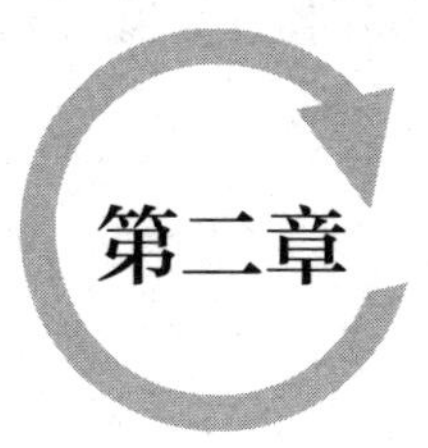

颠覆常识，别再将早晨只当成时间符号

仅仅凭借念力，我们就能改变时间的价值

在希腊语中，“念力”又被称为“意念”，代表一个人的思想、灵魂和心。而在一些科幻小说或电影中，“念力”则是通过意念扭曲或移动物体的能力，是不是很神奇呢？

从科学的角度来看，“念力”没有那样神通广大，我们可以理解为通过意志力，影响、改变自己的思想和行为。当然，我们也可以通过“念力”，去改变时间的价值。

时间的价值是如何产生的呢？

每个人每天都有24小时的时间，每个人却用同样的时间做不同的事情。比如同样是“清晨六点”，有人坐在电脑前工作，有人坐在书桌前学习，有人在被窝里睡觉，由于在相同的时间里做的事情不同，所以就让时间产生了不同的价值。

不难想象：工作的人得到了工资，学习的人得到了知识，而睡觉的人得到一个梦。

“念力”是如何改变时间价值的呢？

很简单，因为“念力”可以改变人的思想和行为，而思想和行为决定了时间的价值。有意志力的人，能够按时起床，在应该学习的时间里专注学习。所以，“念力”可以改变时间的价值。一个人有了珍惜时间的想法，有了把握时间的行为，还不能发挥时间的价值吗？

《哈佛商业评论》上有一篇文章指出：意志力才是成功的关键。很多人做事没有效率，是因为一再拖延，害怕失败；是因为目标疏离，难以集中精神；是因为受到琐事干扰，无法专注做事，是因为诱惑太多，时常冲动……而这一切的原因，都可以归结为意志力太差！

相反，那些拥有高效能的人，其动力都来自强大的意志力。正如哈佛大学的丹尼尔·戈尔曼教授所说："为了达成目标，克制情绪、压抑冲动的能力，决定了一个人心智的高低。"

难怪有人会说："哈佛只是一个证明——人的意志、精神、抱负和理想的证明。"

哈佛大学在"研究意志力对生命个体的巨大作用"方面花费了大量的时间和精力。资深的研究专家罗素·康达博士曾经说过："古往今来，对于成功秘诀的谈论实在太多了，但其实成功并没有什么秘诀。成功的声音一直在芸芸众生的耳畔萦绕，只是没有人理会她罢了。而她反复述说的就是一个词——意志力。任何一个人，只要听见了她的声音并且用心去体会，就会获得足够的能量去攀登生命的巅峰。"

罗素·康达博士多年来一直致力于一项事业，就是将"意志力能够支配人生走向，让人勇往直前，并且获得自由"的观点植入美国人的思想中。

什么是意志力呢？意志力就是一个人管理自己情绪的能力、控制自己欲望的能力、激励自己不断进步的能力和克服一切困难的能力。坚强的意志力能够帮助我们掌控人生、控制情绪、战胜困难、从容不迫地走向成功；而缺乏意志力，让人胆怯、畏惧、无所作为。

这样看来，意志力即"念力"，"念力"即意志力，两者几乎没有区别。

在现实生活中，很多年轻人明明拥有过人的才学，也具备成就事业的能力。可是他们偏偏缺乏最基本的意志力，做事情没有坚定的信念与决心，最终把宝贵的时间都浪费掉了。

俄国著名作家陀思妥耶夫斯基说过："只要有坚强的意志力，就自然而然地会有能耐、机灵和知识。”如果一个人缺乏意志力，在应该起床的时候，无法起床；在应该学习的时候，只想玩乐；在应该工作的时候，事事拖延，这样的话又如何能够发挥时间的价值呢？

我们身边总有一些年轻人，喜欢随波逐流，喜欢随遇而安，佛系地生活、工作和学习；没有一点时间观念，不知道珍惜时间，更不知道把握时间，甚至意识不到时间的流逝。这样的年轻人最缺乏的便是意志力。

如果你想让自己的时间更有价值，就要有意识地培养和磨炼自己的意志力。这个过程必定是苦涩的，但“不经一番寒彻骨，怎得梅花扑鼻香”，每个意志坚定、“念力”极强的人，肯定忍受过常人无法想象的苦楚，但是他们仅凭“念力”，便改变了时间的价值。

长尾效应：充沛精神能量的自我延续

现在的年轻人都很喜欢网购，每次打开电商平台，在搜索、挑选自己喜欢的商品时，网页总会弹出许多“相关产品”。这些“相关产品”可能并不是你想买的，销量也不是很高，但它们总是能够成功吸引你的注意力，让你忍不住点进去看看……

你有没有想过，商家为什么没有将这些“销量不高”的商品下架呢？这是因为商家希望通过“长尾效应”，来让那些“销量不高”的商品重新卖出去。

所谓“长尾效应”，就是指主流的头部商品往往会拖动一条长长的尾巴商品。所有人都在关注主流的头部商品，但头部商品后面拖动的尾巴商品，同样不能忽视——它所带来的收益，可能远超头部商品！

2004年，美国《连线》杂志主编克里斯·安德森首次提出“长尾效应”。他认为，那些不热销的商品积少成多，会产生极高的价值，它们所产生的价值，甚至会超过那些热销产品。

作为网络时代的新型理论，“长尾效应”一经提出，便迅速在经济、管理、娱乐等领域得到了实践与验证，以下便是一个颇具代表性的例子：

1988年，英国登山家乔·辛普森根据自己的经历写了一本书叫《触摸巅峰》，虽然书中的内容真实、惊险、刺激，但并没有畅销，很快便消失在公众视野中。

十年后，乔·辛普森又写了一本书《进入稀薄空气》。这本书一推出便横扫各大图书网站图书馆第一名，迅速成为当时的畅销书。

不仅如此，这本书还勾起了读者的好奇心，带动作者的第一本书《触摸巅峰》畅销，而且越来越火，再版好几次，连续14周登顶《纽约时报》畅销书排行榜。直到今天的数据显示，《触摸巅峰》的销量超《进入稀薄空气》一倍之多。

这便是“长尾效应”——《进入稀薄空气》是主流的头部书籍，拖着一条长长的尾巴，只要把头部书籍做好，尾巴可能会带来更多、更大的收获。

事实上，在教育中，也存在“长尾效应”。比如面对学生的优点与缺点，老师和家长可以把优点看成“主流的头部”，把缺点看成“长长的尾巴”。只要认真对待孩子的优点，同时不忽略孩子的缺点，经常肯定和鼓励孩子，就能慢慢减少孩子的缺点，让孩子变得越来越优秀。

再比如有的学生偏科，某一门功课便是“主流的头部”，而另外的功课是“长长的尾巴”。这时候，学生既要重视“主流的头部”，加强学习自己的强势科目，又不能忽略“长长的尾巴”——其他科目的学习，因为最后的成绩肯定要包含所有的科目。除了自己擅长的科目，其他科目也要获得高分才能取得好成绩。

如果我们将“长尾效应”用在时间管理上，又会出现什么样的情况呢？

显然，每天早晨起床的那段时间是“主流的头部”，而一天中的其他时间是“长长的尾巴”。你必须重视每个清晨，坚持早起，养成良好的生活习惯；但与此同时，也不能忽略一天中的其他时间。一天中，有一个美好的清晨自然不错，但一天中的其他时间——上午、中午、晚上，这条“长长的尾巴”，仍旧会给你带来更多的惊喜，为你创造更大的价值。

美好的清晨是一天的开始，也是补充上午能量的最佳时间。如果想让清晨变为“主流的头部”，并且带动“长长的尾巴”，让自己一整天都处于精力充沛的状态，就要做好以下几件事：

1. 保证充足且高质量的睡眠

早起的前提是睡好，没有保证充足的睡眠，早起便没有意义。

哈佛学子特别重视自己的睡眠时间，他们可以少吃一点、少学习一点，但是不能少睡一点。不过，充足的睡眠不是“贪睡”，而是根据每个人的身体状态，睡够时间就行了。

当然，睡眠质量也很重要，所谓“睡得久，不如睡得好”就是这个道理。

2. 清晨运动可以增强体质

有一句话叫“生命在于运动”。运动不仅能够增强你的体质，还能改善你的精神状态，让你精力充沛、精神抖擞。尤其是早晨起床之后，适当地运动效果更加明显。

在运动过程中，人体的耗氧量和能量消耗都会大大增加，血液循环加速，身体会分泌大量的激素，比如肾上腺素、生长激素、内啡肽等。在获得足够的氧气和能量后，这时的大脑会处于兴奋状态，从而更加高效地运转，精力自然得到提升。

3. 营养均衡的早餐必不可少

从生理学角度来说，精力来自氧气和血糖的化学反应。饮食与精力有着十分密切的关系，英文里有一句流行语“You are what you eat”，意思是说，你吃什么，你就是什么。

早餐是每天清晨必不可少的，尤其是处于生长期的年轻人更应吃早餐。早餐的选择应该遵行“营养均衡”的原则，比如国际上比较流行的“彩虹餐”。当然，早餐也不能吃得太饱，那样只会让大量血液进入消化道，从而使大脑变得疲惫起来。

时间相对论：比别人每天多出一小时的秘密通道

英国作家赫胥黎说："时间最不偏私，给任何人的都是24小时。"

确实，无论是美国总统，还是世界首富，或者一个普通人，每天都只有24小时。不过，日本经济学家野口悠纪雄说："根据分配方式的不同，我们有可能把一天变为25个小时，只要做好计划安排、避免浪费时间、增加可利用的时间。"

那么，到底有没有什么秘密通道，可以让我们比别人每天多出一小时呢？

从理论上来说，答案是有的，它就藏在爱因斯坦的相对论里。

尽管爱因斯坦的相对论被提出已经一百多年了，但是当代很多没有系统学习过物理的人，仍旧停留在牛顿的绝对时空观里，他们认为时间和空间是独立存在的，就像几千年前中国古人的"宇宙观"一样（"宇"指时间，"宙"指空间），时间均匀流逝，空间均匀平直。

爱因斯坦却在相对论中指出，时间和空间并不是绝对的，而是相对的。时间因物质的运动而改变，空间因物质的存在而弯曲，变得不均匀了，就好似一个弹簧床上放了一个小球，小球周围的床垫都变弯曲了。不同的地方弯曲程度是不一样的，越接近小球的地方越弯曲。

在相对论里，如果你真的能够"追赶时间"，那么比别人多出一小时，就变得轻而易举了。但现在人类无法超越光速，所以只能从理论上来说。

虽然我们无法超越光速，但是我们可以控制自己，合理安排好自己的时间，就能够每天比别人多利用一小时。

哈佛首位女校长福斯特曾经说过：“请用清醒的时间，追求对你最有意义的东西。”

如果你希望自己比别人每天多利用一小时，可以从三个方面入手：

1. 学会记录你的时间

如果能够记录下时间轨迹，便能发现时间真相，帮助你脱离虚度光阴的懵懂状态，让你更加清醒地利用时间。你可以对每天发生的事项进行分类记录，即我们每天都会做哪些事情，比如睡眠、吃饭、运动、休闲娱乐、社交等，这些事情又分别花了多少时间。

记录时间一定要保证它的准确性，最好能够在处理某个事项或者某件事情刚结束的时候马上做好记录，假如事情过后很久再根据记忆去记录，出错率就会高很多。

当你学会时间记录，真正了解和掌握自己的时间走向并做出最合理的调整之后，就能比别人拥有更多时间了。

2. 尊重时间的活性与弹性

在现实生活中，我们时常会遇到“计划赶不上变化”的时候，并且因此对时间管理产生焦虑感——既然做好了时间规划，就要按部就班，完全按照计划表上的时间来完成任务。

这里需要注意两点：一是计划表上的时间不是“死”的，它应该根据个人能力、任务的难度以及突发状况等因素，进行合理调整；二是时间本身并不是“死”的，我们应该尊重时间的活性与弹性，合理安排好时间，科学地制订计划。

3. 确定你的“黄金时间”

在“黄金时间”学习、工作、做事，往往能够获得事半功倍的效果。

生理学家的研究发现，人在一天中头脑最清醒的时间段有四个：

清晨起床后，大脑处于最清醒的状态，因为一夜的休息让前一天的疲劳感全部消除。这时候，无论是背诵诗词、英文单词，还是做题，都能够取得良好的效果。

8：00～10：00是最适合学习的“黄金时间”，这时候大脑思维飞速运转，十分活跃，人们可以很好地集中自己的精力，去学习一些分析思考性较强的内容。

16：00～18：00是另一个适合学习的“黄金时间”。你可以利用这一时间段来复习功课，加深印象，巩固课堂上所学的知识，完成较复杂的课堂作业等。

入睡前一个小时，可以对一天所学的知识进行回忆，从早上起床到晚上睡下，完整地回忆一遍，问自己学到了什么、有什么收获。这个时间段记住的东西，往往不容易忘记。

微观经济学：有效增加可支配时间的投入与产出

微观经济学又叫“个体经济学”，主要以个体为单位，从微观的角度进行研究。如果从微观经济学的角度来看，一个人可支配时间的投入与产出，是完全可以量化的。

如果能够投入更少的时间，获得更大的产出，无疑能让时间的价值最大化。简单来说，就是你的一小时，到底值多少钱？不要觉得这个问题很奇怪，假如你正在工作，你一个小时能赚多少钱呢？从微观经济学来说，你一小时赚的钱，就是你投入一小时的产出。

国外社交媒体Business Insider曾经做过一次调查，调查的对象是美国最富有的16个人，调查的内容是：这些富人一个小时可以赚多少钱？调查结果显示：亚马逊的杰夫·贝索斯位列第一，他一个小时赚447万美元。相比之下，普通人是不是“无言以对”呢？

虽然很多人一小时的收入，远远比不过这些世界级富豪，但并不是说，我们的时间就缺少价值。价值这个东西，可以从很多方面来诠释，金钱只是衡量价值的一种方式，不是全部。

比如一小时的时间，你可以赚多少钱，你可以学多少东西，你可以做多少事情……这些都能够体现出时间的价值。所以，当朋友拒绝你的求助，不愿意为你花时间，你也要学会理解。这可能只是说明，他手中要做的事情，比帮助你这件事情，更有价值。

很多人觉得自己时间很多，可以浪费的时间还有很多，可以拖延的时间还有很多，可是转眼就过去好几年，青春的萌动还没有退去，就到而立之年了。

这时候，你是不是应该停下脚步，思考一下时间的意义，重新规划一下人生呢？

1. 学会用钱换时间

有的人想用时间去换金钱，有的人却想用金钱去换时间。

日本经济评论家胜间和代在《时间投资法》一书中写道：“你可以通过委托别人，购买他人的服务，用金钱来换取时间，作为一种时间投资。”

如果你足够富裕，那么可以用金钱来换时间，举一个最简单的例子，比如你想从海南到北京去，机票比火车票更贵，但是花费的时间更少。你选择买机票——多花钱，少用时间，其实就是在用金钱换时间。

2. 放弃沉没成本

经济学上有一个概念叫作“沉没成本”，它是指过去已经发生或者投入的、不可能再被收回的成本。我们打算做一件事情，不仅会看这件事情会给自己带来多少益处，还要看过去是否已经在这件事情上投入过成本，比如时间、精力、金钱等。

沉没成本是不能被改变的，就像被打翻的牛奶无法再装回瓶子中一样。我们在做决策前必须清楚哪些成本属于沉没成本，对于已经无法收回的成本，我们要理性地选择放弃，而不是继续投入时间，为不可能挽回的损失而“哭泣”。

3. 放弃无用社交

无用社交是最浪费时间的，即便你投入了时间在无用社交上，最后的产出也极低。

每个人的时间都很宝贵，精力也很有限。消耗型人际关系好比炸鸡泡面，不健康、没营养，只会空耗你的时间和精力，属于无用社交。

对于那些不重要的、不断消耗你的人，一定要趁早远离，及时止损。

时间流速感：我们对早晨和夜晚的感知差异

“快乐的时光总是那么短暂，痛苦的时光却那么漫长。”

“当我专注做一件事情时，时光过得好快；当我百无聊赖时，时间过得好慢。”

“人在排队等待时，时间过得异常缓慢……”

你有没有过上面这样的经历呢？时间明明是一分一秒度过的，但在不同状态下，对时间流速的感知又不一样。比如早上赖床时，觉得时间走得太快，刚摁掉的闹钟，一会儿又响了起来。但在上课时，特别是你不喜欢的课，时间却像蜗牛一样缓慢爬过，你都快睡着了，还不下课！

首先，你应该明白，时间有“客观时间”和“主观时间”的区别。很多人觉得时间过得太快或者时间过得太慢，其实是“时间判断失误”了。

古希腊人早就发现了这一点，他们将时间分为“钟表时间”和“沉浸时间”，只有钟表之外的时间才是有意义和有价值的。

现代人在此理论之上，将时间分为“客观时间”和“主观时间”：

1.“客观时间”是可量化却不可更改的，一般用日历或钟表来衡量，比如我们都知道每年会有一个2月14日——“情人节”；电影在晚上6点30分开场；早晨第一节课在8点开始。如果你错过了这些时间，就会错过和另一个女孩的开始、错过电影的开场、错过宝贵的一堂课。这些时间都是可以预知、可以量化的。

2.“主观时间”是指我们对时间的预知与判断，是不可量化，也是无从比较的，是我们对钟表之外的客观时间的经验。有的时候，我们感觉时间过得很快，转眼就过去了很长一段时间；有的时候，我们又觉得时间过得特别慢，就像蜗牛在爬行一样。

“时间判断失误”的情况，通常发生在“主观时间”的错误判断上，如何减少这种情况的发生呢？美国心理学家菲利普·津巴多说：“人们是基于过去、现在和未来的不同坐标来感知时间的。如果你只是局限于其中某一个时间坐标，那么你的生命观就会发生偏差和受到局限。那些可以在三种不同的时间坐标参照中保持平衡的人最有可能适应社会发展的步伐，也能够更充分地享受生活。”

因此，我们可以通过不同的时间坐标来感知时间，并且时刻利用“客观时间”来提醒自己，因为“客观时间”是可以量化和观察的，它可以直接影响我们对“主观时间”的判断。

人在专注做某件事情时，也会觉得时间流速很快。这是因为在专注的状态下，人会忽略外界的很多东西，比如窗外嘈杂的车流声、从身边走过的人、缓慢走过的时间等。很多人肯定有这样的体验——你的房间里挂着一个时钟，虽然它的嘀嗒声一直没有停，但你很少会注意到它，甚至对于嘀嗒声充耳不闻。除非你刻意去听，否则你会几乎忘了时钟的存在。

不同年龄段的人，对时间的流速也有不同的感知，比如婴儿几乎不知道时间是什么，也几乎感受不到时间的流逝；而老年人面对有限的生命，会害怕去感知时间，有时甚至不去想时间，只是用直觉的方式，感知当下的时间。

当然，早晨或者夜晚的时间感也是不一样的——早晨起床，神清气爽，时间仿佛掷地有声，每一秒都可以“享受”很久；夜晚身体已经很疲倦了，只想早点上床睡觉，时间却过得缓慢；终于到了睡觉时间，除非真的累到倒头就睡，否则又会突然兴奋起来，玩起手机就又忘了时间的存在……

当你对时间的流逝无感时，记得哈佛图书馆墙上最短的一句训言：时间在流逝！

你本可以拥有长达两万小时的休息日早晨

每一个清晨，对年轻人来说，是无比宝贵的。

清晨也不只是在学习日或者工作日才会出现，周末也有清晨。一年52周，每周末两天，加上无数个法定节假日的休息日，保守估算一年也有120天的休息日时间吧？

如果你从22岁开始自己的职业生涯，到60岁退休的时候，大约有5 000天的休息日时间。如果正好你比较贪睡，休息日要多睡4个小时，那么你就将浪费掉足足两万小时的休息日时间！

你可不要小瞧这两万小时的休息日时间，根据一万小时定律——一万小时可以让你成为某个领域世界级的专家，你已经错失了两次成为世界级专家的机会！

成功学上有一个著名的“付出定律”：你的所有付出都会得到回报，同时你的回报都源于你的付出。如果你得到的东西不多，就只能说明你付出得太少。

任何时候，付出和回报都是相互作用的，如果你没有在春天努力播种，又如何在秋天有收获呢？想要得到回报，就必须先学会付出，这几乎是一个真理！

美国启蒙运动的开创者富兰克林在他的著作《致富之路》中写道：“时间就是生命！”“时间就是金钱！”这两句话在世界范围内广为流传，成为年轻人节省时间、珍惜时间的座右铭。

然而，很多人一边感叹人生苦短，一边又在浪费自己的生命；一边说要追赶时间，一边又不停地拖延时间。每个人都明白“时间就是效率”，也懂得把握好时间就等于创造了效率。不过，当我们在思考如何去把握和利用好时间的时候，时间却在不知不觉间溜走了。

正因为时间会悄然溜走，所以我们更应该珍惜时间，即便是休息日的“休闲时光”，也要将它充分利用起来，做更多有意义的事情，这样才不辜负宝贵的时间。

哈佛教授詹姆斯·艾伦曾经写过一本书，名字叫《思考的人》。

他在书中写道：“在我们的日常生活中，有90%的时间都是碌碌无为的，也就是说，大部分时间都是混过去的。许多人在一天做的事无非是吃饭、上班、睡觉等非常琐碎的小事。人们只是在不同的地方重复没有意义、没有价值的事，虽然从表面看他们在不停地办事，事情做了一件又一件，但是显然这些事没有一件达到他们的预期目标。”

詹姆斯·艾伦希望身边的人都能够认识到时间的宝贵。幸运的是，大家都懂得这个道理；可悲的是，大家却不懂得时间管理。

许多人的一天都是那样浑浑噩噩地度过，一直到他们离开这个世界。

现实中有许多人都是到了快退休的时候才幡然悔悟，发现这一辈子原来并没有做什么有意义的事，这一生的时间似乎都已经浪费了。之后他们躺在病床上，每天都在感慨和遗憾中度过，最后慢慢离开这个世界……

詹姆斯·艾伦的这本书出版后，曾经畅销一时，每一个阅读过这本书的人都受到了极大的启发。他们将书中讲到的内容和自己的情况做比较，发现自己真的像书中讲的一样，每一天都好像很忙，其实都是为了生计而疲于奔波。因为没有去做自己想做的事，因此可以说流逝的光阴都浪费了。

现代管理学之父彼得·德鲁克在《卓有成效的管理者》中反复强调“时间管理”的重要性，还提出了具体可靠的方法；美国畅销书作家史蒂芬·柯维在《高效能人士的七个习惯》中同样讲到了“时间管理”的概念，还专门出了一本名为《要事第一》的书，鼓励年轻人做好时间管理。

这些教授、学者、作家为什么都如此强调时间管理的重要性呢？

因为时间是一位高明的小偷，如果我们粗心大意，它会偷走我们的一切，包括知识、经验、财富，还包括健康和生命。

英国社会学家赫伯特·斯宾塞说过："我们学习的时间是有限的。时间有限不只是由于人生短促，更由于人事纷繁。我们应该力求把我们所有的时间用来做最有益的事情。"

时间能否回报我们什么，要看我们的态度如何。

一位时间管理专家曾经说过："每天浪费、虚度、放空的那一点点时间，哪怕只有短短的十分钟，如果运用得当，也能够产生巨大的价值。游手好闲惯了，就是拥有再大的智慧，也不可能有所作为。"

现实生活中，每个人把控时间的能力不同，最终得到的回报也不一样。如果你懂得如何去珍惜与利用时间，那么时间就会给你最大的回报；相反，如果你对时间视而不见，那么时间就会成为你的敌人——它会随时带走你身边的东西，比如你本可以在长达两万小时的休息日的早晨做一番事业，然而在不知不觉中，这两万小时一点点被"时间小偷"偷走了……

如果你不懂得时间管理，就会被"时间小偷"光顾。

第三章

你可以不早起，但一定要早醒

你在“睡生梦死”，世界却在翻天覆地

时间是最公平的，因为每个人每天的时间都是24小时，只不过有的人将时间的价值发挥得淋漓尽致，有的人却将时间白白给浪费掉了。

你在玩游戏的时候，别人在刻苦学习；

你在看电视的时候，别人在努力运动；

你还在被窝里呼呼大睡的时候，别人已经早起学习或工作了；

你在“睡生梦死”的时候，世界却在翻天覆地……

你要知道，世界不会围着你转动，太阳不会等你起床后再升起。即便你赖在被窝不想起来，世界仍旧按各自的规律运行着——哪怕你处于静止状态，你周围的一切也都在不停运转。

其次，世界上的人也不会围着你转，你是否早起、是否赖床、是否在努力，与绝大多数人都毫无关系。正如哈佛大学图书馆里的那种训言：即使现在，对手也在不停地翻动书页！

英国作家狄更斯说过：“这是最好的时代，也是最坏的时代。”

当今的时代信息大爆炸，一切都处于变化中，竞争尤为激烈。如果是在十年前，一个人考上好一点的大学，就代表着鱼跃龙门、前程似锦。可现在呢？有很多名校大学生也面临着毕业后找不到合适工作的情况。

如果你不想被他人所取代，就要让自己拥有超乎寻常的能力。只有足够优秀，才能有更多的话语权，才能得到更多人的认可，与更多优秀的人

同行，过上自己想要的生活。

所以，你可以不早起，但一定要早醒，有些事情明白越早越好：

1. 发展你的优势，才能让自己脱颖而出

每个人都有自己的优势和劣势，想要获得成功，你认为应该了解并改善自己的劣势，还是将自身的优势发挥到极致呢？这个问题是由美国著名的民意调查公司盖洛普提出来的。

当时，盖洛普公司在数十个国家进行调查，被调查者有数十万人。调查的结果有些令人出乎意料，在被调查的所有国家中，大多数被调查者都认为应该把关注点放在了解和改善自己的劣势上，只有极少数的人认为努力发挥自己的优势更重要，而这些人往往是最成功的人。

盖洛普公司随之提出了著名的“优势理论”：一个人能否取得成功，关键就在于他能否避开自己的短处，并且充分发挥自己的优势。不过在现实生活中，很多人都只看到自己的缺点，从而暴露更多的劣势，又受到传统观念的影响，花费大量的时间和精力去弥补自己的缺陷。“优势理论”告诉我们要努力让自己的长板更长，而不是一味地去弥补自己的短板。

曾获哈佛大学荣誉学位的本杰明·富兰克林有一句名言：宝贝放错了地方便是废物。人生的诀窍就是找准人生定位，定位准确能发挥你的特长。经营自己的长处能给你的人生增值，而经营自己的短处会使你的人生贬值。

2. 提升你的核心竞争力，才能让自己无可取代

以前人们说到诸葛亮这样的人才时，会用“上知天文、下知地理、五行八卦、国计民生、无所不通”来形容他，而现在人们说到埃隆·马斯克这样的伟大企业家时，会用“某个领域的专家”来形容他，而不会说他是一个门门精通的天才。这也是时代的变化！

现代社会需要的是“专业性人才”，讲究的是“核心竞争力”。

百年哈佛为什么能够矗立在世界名校之巅？就是因为哈佛拥有一批专注的、深扎于某个领域的、坚持做学问的学者。如果这些学者没有选择性地进行研究和学习，而是广泛涉猎，在多个领域进行学术研究，也不可能

取得某个领域的突破性成就。正因为他们选择了正确的目标，排除了各种干扰，所以才能专注地处理目标对象，日积月累，获得突出的成就。

这也是哈佛大学“核心课程”的设计初衷——开始研究“树木”之前，先将“森林”的地图印在自己的大脑中；有了“森林”的地图之后，再研究“树木”的细枝末节。

如果你不想被竞争者淘汰，就要学会提升自己的核心竞争力，让对手无法超越，让自己无可取代。要知道，残酷的竞争随时在发生，你在“睡生梦死”的时候，世界却在发生翻天覆地的变化，即使现在，你的对手也在不停地翻动书页！

因此，你要比对手醒得更早，也要更加努力。

为什么工作总会慢一步？因为清醒比努力更重要

努力可以分为两种：一种是盲目的努力，一种是清醒的努力。

有的人明明很努力地学习、很努力地工作，但还是慢人一步，主要原因就在于"清醒比努力更重要"。只有清楚地知道自己在做什么、自己想要达到什么目的，才能算得上真正的努力。如果盲目地采取行动，又没有明确的方向，那只能算是"瞎忙"。

理论上来说，如果一个人清醒地知道自己想要什么，并且为之行动，那么他会自然而然地进入努力的状态中，而他自己可能并不会在意自己是不是在努力。

当一个人处于"不清醒"的努力状态时，他的行为会受到两个因素的影响：

一是主观意识的影响，比如思维观念、意志力、行为习惯、反馈时长等。思维观念决定我们对"努力"行为的主观认知；意志力决定我们是否能够坚持行动；行为习惯决定我们是否能打破固有的行为模式；反馈时长决定我们对"付出与回报"的忍受时间有多长，即付出多少时间没有得到回报，便会终止自己的行为。

二是客观因素的影响，比如他人的评价、集体意识、外界的诱惑等。他人的评价很容易影响到一个人的行为；集体意识会让人出现盲目从众的行为；外界的诱惑也很容易让人偏离自己的方向。

在这些因素的影响下，一个人想要“努力”，其实是一件很困难的事情。因为，无论是主观因素还是客观因素的限制与影响，都会让人消极、懒惰、找不到自己的方向。

如果努力是盲目的，而不是清醒的，会出现什么情况呢？

从小到大，长辈或老师都教导我们，做事情应该努力、努力再努力，除了努力，什么都不用管。可是，随着年龄的增长，我们会渐渐发现，做事不仅要努力，还要清醒。

如果自己不够清醒，前进的方向错了，就算付出再多努力，也不可能到达目的地。

很多人自以为坚持是一种美好的品质，便不顾方向，奋勇直前，直到前方再无去路，才知道自己前进的方向不对，甚至和目标南辕北辙，更可悲的是，此时回头也找不到正确的路了。

在努力奋斗的过程中，不能盲目努力，一条道走到黑，否则前进和后退没有区别。在学习上也是这样，解答一道数学题，如果第一步走错了，后面每一步都是错误的；写一篇文章，如果想要表达的主旨错误百出、偏离题意，那么写得再多也徒劳无功。

如果努力是盲目的，前行的方向是错误的，那么所有的努力都将变成无用功。

两只小蚂蚁想要翻越面前的一堵墙，寻找墙那边的食物。那堵墙有20米长、100米高。其中一只小蚂蚁来到墙脚下，毫不犹豫地往上爬。

可是，每次当它爬到一半时，就会因为体力不支而掉落下来。它却没有因为这一次次的失败而产生过放弃的念头，相反，它相信只要自己付出了努力，就一定会有所回报；它也相信，只要自己能够坚持下去，就会离成功越来越近。所以，它不断地努力着，不断地调整自己的状态，在一次次的失败之后仍然没有放弃自己的坚持……

另一只小蚂蚁却没有急于行动，而是认真地环顾四周，分析这堵墙的情况。

最后，它决定绕过这堵墙，从而去到墙的另一边。它这样做了，也成功了。当它开始享受墙那边的美食时，另一只小蚂蚁还在攀爬那堵墙，并且努力坚持着！

那只努力向上爬的小蚂蚁无疑是可悲的，在实现自己的目标时，它只知道一味地“努力”而没有清晰的思路，没有正确方向。所以直到最后，它都一无所获。

这两只小蚂蚁的故事也告诉我们一个道理：那就是清醒比努力更重要！

哈佛学子都很勤奋，但是他们绝不会只顾埋头死读书，而是懂得提高自己的学习力。正如哈佛商学院工商管理系的柯伟林教授所说的那样：“唯有学习力，才能让孩子真正提升学习效率，成为学习的主人。”

在哈佛大学，努力与勤奋是学生们始终贯彻的原则，但他们更讲究学习方法。

在激烈的竞争中，哈佛学子拼的不仅是付出了多少时间与精力，更重要的是他们在拼如何在相同的时间内获得更加高效的学习能力。因为他们知道，社会在进步，时代在发展，在全新的教育背景下，如果仍然以传统的方式去学习，恐怕只会事倍功半，白白付出努力。相反，只有掌握了高效的学习方法，然后再付出加倍的努力，才能取得事半功倍的学习效果。

盲目的努力只会白白消耗人的精力，付出再多也难以有所回报；清醒的努力才能有的放矢，将有限的时间和精力都用在刀刃上。无论做什么事情，清醒都比努力更重要。

追逐你的梦想，绝不“躺平”

玩游戏的时候，很多人只想“躺赢”；面对压力山大的生活，很多人只想“躺平”。

自从“躺平”一词在网络上火了之后，越来越多人的目光落到了年轻人身上。其实，想要“躺”的思想并非只出现在当今社会，也并非中国独有，任何时代、任何国家的人，都需要面对生存的危机、竞争与压力，选择“躺平”的人，在英国被称为“尼特族”，在美国被称为“归巢族”。青年人竞相“躺平”使得日本成为低欲望社会。

如果可以通过“躺”的方式，缩小自身欲望，缓解生存的压力，安慰求而不得的自己，又何乐而不为呢？年轻人想要“躺赢”、想要“躺平”的背后，其实也反映了当代年轻人的生存压力与生存焦虑。

其实，只要把眼光放长远一些，看看日本、美国、欧洲，就会发现中国的年轻人最不应该“躺平”，为什么这样说呢？因为日本推行的是“年功序列制”，一个人的收入等于年龄乘以10万日元，年轻人即使再努力，也很难得到晋升的机会。在日本，但凡有些名气的CEO，几乎都是爷爷辈的人。而在美国及欧洲一些国家，优质资源也大多在中老年人手中，年轻人想要创业寻求发展，将面临各种各样、无比苛刻的条款。相比之下，中国给予年轻人的创业发展空间要大得多，各种扶持政策也较为完善。在最好的年纪，在最好的时代，在最好的中国，如果选择“躺平”，无疑是最差的生存策略，也是最不明智的选择。

哈佛大学有这样一句训言：“没有艰辛，便无所获。”

每个人都需要面对生活的艰辛与苦楚，也需要面对各种竞争与压力。在应该奋斗的年纪，最不应该做的事情就是“躺平”。年轻人就应该努力奋斗，应该追逐梦想、挥洒汗水。

在现实生活中，每个人都会经历一段又一段的“灰暗时光”，就像一天中有白天也有黑夜一样。我们不可能永远一帆风顺，但也不可能永远黯淡无光。

在人生的“灰暗时光”中，如果放弃梦想、放弃抵抗，只感到痛苦、自怨自艾、害怕或退缩，那么只能在阴暗的角落里待一辈子，人生也将变得黯淡无光。

相反，如果能够奋力反击，将痛苦升华，将压力转化为动力，把自己的生命能量转移到更有创造性的地方去，那么必然会创造出一片属于自己的天地。

要记住：那些没有摧毁你的东西，会让你变得更加强壮。这也是为什么人在适度的压力之下，表现会更好的根本原因——人的潜能是无限的，有时面对的困难越大，激发的潜能就越大。生活中那些足以摧毁我们的东西，终究会变成我们身上闪闪发光的亮点！

当你终于熬过了“灰暗时光”，当你的梦想终于实现之后，你是否可以松懈，继续“躺平”，不再努力，也没有梦想了呢？当然不行，因为梦想不止一个，成功也没有尽头。当你的梦想实现之后，当你获得成功之后，还应该放空心态，重新出发，开始追求下一个梦想……

这便是著名的“空杯心态”——或许你曾在昨天获得了无比辉煌的成绩，但它早已成为“过去式”，已经成为某种回忆。只有把自己想象成“一只空着的杯子”，放下过去的一切，才能更好地接受新的东西，更好地面对未来。

“空杯心态”并不是完全地否定自己的过去，而是怀着放下过去的态度，融入全新的环境，以积极乐观的态度去面对全新的事物。当你放下成功、放下荣誉，开始新的征程时，你的心态、你的格局、你的能力，都会得到质的提升，而这一次，你将站得更高、走得更远……

内在清醒：锻炼属于自己的思维模式

清晨，当你从睡梦中醒过来的时候，身体和心灵应该同时清醒——只有保持内在清醒，才能真切地感受生命的意义，才能采取行动，开始新一天的生活。

什么是内在清醒呢？即拥有清晰的、合理的、正确的思维模式。

爱因斯坦说："人们解决世界上的问题，靠的是大脑的思维和智慧。"

美国畅销书作家丹·苏利文和凯瑟琳·野村在《终身学习》中明确写道："决定成败的不是你的能力，而是你的思维模式。改变思维模式最好的时间是十年前，其次是现在。"

当今社会可谓瞬息万变，在残酷的竞争与挑战中隐藏着各种机遇，在纷繁复杂的变化和不确定性面前，有人惶恐不安，有人却破浪前行，其区别就在于他们拥有不同的思维模式。

思维模式是指我们如何看待和理解周遭的世界、如何面对和解决遇到的问题。思维模式也是我们行为的"指挥官"，现代社会大多数的较量，归根结底还是思维模式的较量。

可以毫不夸张地说：一个人拥有怎样的思维模式，就拥有怎样的人生！

在人的成长过程中，包含了好奇心、注意力、思考力、想象力等诸多重要因素，而这些因素的背后都与人的思维模式有关——你不仅要思考，而且要懂得思考，更重要的是不做无意义的思考。每天发生的事情很多，人要面对的东西也杂乱无章，但你必须保持内在清醒，用自己的思维模式，去思考和面对生活中的所有问题。

哈佛十分重视学生的思维训练。因为，思维能力决定着人的上限，如果不肯动脑子，思维就会僵化，就像是一潭死水，惊不起任何波澜。你不断地劳作，却没有动用你的脑子，思维模式没有得到提升，又如何能够做出突破与创新呢？

思维是最为奇妙的东西，它能够控制人的行为，让人们以开阔的眼光去看待世界；思维也会限制人的行为，让人们钻进死胡同里无法转身。

值得庆幸的是，思维模式不像出身、智商一样难以改变，它可以通过学习和锻炼得到改善及提升。那么，年轻人应该如何锻炼自己的思维模式呢？

对于任何人来说，思维模式都像是一座宏大而复杂的宫殿——它不断被建造，又不断被重塑，而且这种建造与重塑将持续一生。换句话说，人到死的那一天，都不会拥有完全固定的思维模式，因为任何一种全新的知识或认知，都能让思维模式发生变化。

虽然我们很难从整体上去改变或者重塑一个人的思维模式，但是可以从局部去培养和锻炼一些思维能力，比如逻辑思维、批判性思维和发散思维这些常用的思维能力。

1. 逻辑思维：让你拥有更加严谨的思维模式

人最容易犯的毛病就是讲话没有条理，事先没有准备到位，想到哪儿就讲到哪儿，整个过程看起来一点关联都没有。最重要的是，如果逻辑性不强，说明本身的观点就存在问题，缺乏合理的解释。论句的不准确性，会让观点产生理解上的偏差。

逻辑思维的重点在于观点，观点代表着你的立场，你肯定什么、反对什么，必须有着准确又清晰的判断。在判断前，你必然要有思考，否则你的观点将是空的，经不起推敲，很容易被驳倒。

2. 批判性思维：让你离真理更近一步

所谓批判性思维就是一种怀疑精神，既要批评，也要有自己的判断。

在接触一个事件时，首先要产生怀疑。怀疑的前提是思考，通过思考对事件进行准确的判断。但是人总是过于倾向审视他人，而忽略了思考应有的意义。当人因为抵触外界而产生批评时，基本上很少有自己的想法，所维护的不过是一种假的正义罢了。

这时，你更需要批判性思维。通过深入思考来判断对方的批评是否合理、是否需要接受。无论你的计划制订得多么细致，都会存在缺陷。不完美的计划必然会引来批评。所以你需要针对批评进行全面的思考，反复完善自己的计划。

3. 发散思维：让你更具有创造力

美国心理学家吉尔福特曾说：“创造性思维就是发散性思维。”

每个人在思考、解决问题时都会或多或少受到思维定势的影响，走入惯性思维的怪圈，难以突破自我，难以找到新的解决方案。而发散思维能够打开思维的多个维度，让我们获得更广阔的“视野”，对同一个问题将有更多的解决方案，对同一个事物将有不同的解读……

当然，除了以上几种思维模式，还有许多思维模式需要我们去学习和完善。

中国有一句俗话：活到老，学到老。年轻人在培养和锻炼自己的思维模式时，也要有“终身学习”的态度。只有学习更多的知识，才能让自己更加接近真理。

打开脑洞：可以获得幸福感的最小行动

还记得几年前风靡一时的“哈佛幸福学”吗？

哈佛大学最受欢迎的王牌选修课，原本是“经济学导论”，但是泰勒·本·沙哈尔导师的“幸福课”一经推出，便迅速摘得“哈佛最受欢迎的选修课”的桂冠！

泰勒·本·沙哈尔说：“幸福感是衡量人生的唯一标准，是所有目标中的最终目标。”

什么是幸福感呢？就是人们对其生活质量所做的情感性和认知性的整体评价，简单来说就是人们对于幸福的自我感受。这也是人类的共性：不断对生活环境、生活事件以及自我进行评价。从这个意义上来说，一个人是否幸福，不仅仅取决于外在因素的影响，还取决于自我对所发生的事情在情绪上做出怎样的反应、在认知上做出怎样的评价。

1960年，有记者问心理学大师卡尔·荣格：“你认为，想要获得幸福感，人类的头脑里需要哪些必备的基本要素？”卡尔·荣格的回答即为以下五个方面：

1. 有良好的生理及心理健康。
2. 人际关系（婚姻、家庭、朋友等关系）相对和谐。
3. 在自然或艺术中感知美的能力。
4. 有满意的工作及生活水平。

5. 有应对世事变迁的哲学或宗教视角。

尽管卡尔·荣格为人们指明了获得幸福感的基本要素，但是这些要素仍旧不能成为衡量幸福感的标准。西方心理学家、经济学家和社会学家对幸福感的测量，已经探索了几十年，也积累了一定的知识与经验。不过，到目前为止，世界上还没有一种普遍认同的幸福感测量工具，许多测量方法仍处于不断改进之中。

或许有人会认为，“有钱”会让人获得极大的幸福感，但事实并非如此。

哈佛商学院、曼海姆大学和耶鲁大学的学者曾经做过一次调查，结果显示那些所谓的富翁只有让自己的财富增长2到3倍，才能够在幸福感方面获得完美的“10分”，无论现在他们已经多么富有。这次调查的主要负责人迈克尔·诺顿指出：“富人无论拥有100万美元，还是1 000万美元，他们的幸福感都不会随着财富的增长而增长。”

换句话说，现代人的幸福感并不是完全和金钱挂钩——对贫穷的人来说，获得更多的金钱可能会让他们获得更多的幸福感，因为人在“生存焦虑”中很难感受到幸福；而对于那些摆脱了“生存焦虑”的中产阶级及富人来说，金钱与幸福感之间的关系就不再这样显著了。

泰勒·本·沙哈尔曾说：“获得人生幸福的要点有很多个，第一要点就是遵从自己内心的热情，选择对你有意义并且能让你快乐的课，不要只是为了轻松地拿一个A而选课，也不要选你朋友上的课或是别人认为你应该上的课。”

人生应该从醒过来的那一刻，就感受到幸福。年轻人正处于成长发展阶段，可能离那些可以获得幸福感的“巨大成功”稍有距离，但仍旧可以打开脑洞，想想生活、学习和工作中那些可以获得幸福感的小行动：

1. 自主选择自己喜欢的生活方式。

2. 时间上可以自由安排。

3. 与他人保持良好的人际关系。

4. 心流体验：能够专心做好一件事情。

5. 充足的睡眠。

6. 运动。

7. 睡前写下三件让自己感到幸福的事情。

8. 在他人需要时提供帮助。

9. 有精神寄托与信仰。

10. 自信。

总之，人生中的“巨大成功”能让你备感幸福，生活中的小细节同样能让你幸福感满满。

内观体验：找到需要“播种”和“除草”的地方

内观是印度最古老的禅修方法之一，意思是“观察如其本然的实相”。

简单来说，内观就是一种自我观察、自我反省的方法。每个人都需要观察自己的身心实相，这样才能找到需要“播种”和“除草”的地方——不足之处，加以增补；不当之处，加以割除。这样才能不断成长、不断进步，不断改正自己的不当，不断完善自身的不足。

哈佛大学的赫拉·哈来德教授曾说：“有意义的人生在于时时审视自己，人在内省中常常会发现什么是最珍贵的。所以，没有经过自省检讨的人生，是没有价值的。”

内观便是审视自己的内心，通过观察自身来净化自己的身心。有人可能会说，内观就是冥想吗？虽然两者有着相似之处，但还是存在一定的差别——内观是佛教的修行法门，目的在于明心见性、自我提升；而冥想是瑜伽的修行方法，比起佛教内观来说还不够完善。

可见，内观可以是简单的自我反省，也可以是复杂的自我超脱。

什么是反省呢？反省就是自我观察，是认识自己、分析自己、提高自己、获得成长的最佳途径。一个人在犯错之后，只有学会反省，才能够对自己的错误行为及错误思想做出深刻的检查和认识，从而修正自己的行为及思想。

反省也是“反省心理学”中的一个专业词汇，它是指人们对于自身以往心理活动的回忆。那么，反省和回忆是一回事吗？当然不是了，回忆是大脑对外部事件或信息的存储、提取和再现，而反省是大脑对内部心理事件或心理活动的回忆、提取和再现。

很多成功者甚至伟人也拥有经常反思的好习惯。比如英国著名作家狄更斯，他有一个习惯就是自己没有认真检查过的内容，绝对不会轻易展示在公众面前。狄更斯每天都会把自己写好的内容认真读几遍，然后不断发现其中的问题，再不断改正，直到几个月后自己满意了，才将文稿展示在公众面前。再比如法国作家巴尔扎克，他在写完小说之后，会不断修改文稿，直到最后定稿，而这个过程往往需要花费好几个月，甚至是好几年的时间。正是这种不断纠错、不断反省的态度，才让两位作家都取得了耀眼的成就。

诗人海涅曾说："反省是一面镜子，它能将我们的错误清清楚楚地照出来，使我们有改正的机会。"很多人都在思考，什么样的人生才是成功的人生？当然是不断超越自我、不断完善和不断成长的过程。当你陷入人生困局时，也要学会通过反省、通过内观体验，去认识自己、去探寻问题的根源、去寻找解决问题的方法。

内观还能帮助你发现不一样的自己，无论自我欣赏，还是自我批判，都会带来益处。

哈佛大学的埃得·平卡斯教授曾说："反省是一面镜子，它将我们的错误清楚地照出来，使我们有改正的机会。丢掉了这镜子，浑身污垢的你就丧失了清洁自己的参照。"

一个人如果没有内观体验，就无法察觉自己哪些地方做得不好，需要去改进；也不知道哪些地方还有不足，需要去弥补和提升。只有通过内观体验，才能发现错误与不足，才能去弥补与改进。否则，就只能在"不自知"的情况下，继续犯错，永远存在不足之处……

挖掘“脑黄金”：让左右脑相互协作

大脑是人体最复杂、最神秘的器官，为什么这样说呢？因为大脑包含了约1 000亿个神经元，约100亿个连接。如果把每个神经元想象成一个星球，那大脑堪比整个银河系。

大脑可分为左脑和右脑。虽然左右脑的形状看起来差不多，两者在处理信息的方式上却存在巨大差异。不过，左右脑又是密不可分的，并且是相互协作的，不管失去左脑，还是失去右脑，人都无法正常独立地完成思考。

1. 右脑是本能脑，主要控制人的感性思维

右脑让人类有了想象力、创造力、观察力等，只要是依靠图像和影像记忆的东西，都需要使用右脑，因此右脑又被称为“图像脑”。

2. 左脑是意识脑，主要控制人的理性思维

左脑主要负责控制人的判断力、思考力、推理能力等，通过左脑可以将看到的东西、听到的语言和文字整合起来，进行记忆和推演，因此左脑又被称为“语言脑”。

从古至今，科学家对大脑的探索就没有停止过。只是由于科学技术的局限性，人类在挖掘“脑黄金”方面并没有获得突破性的进展。的确，对人类来说，大脑就像一个巨大的宝库，对大脑的探索就像对宇宙的探索一样，任何一个新发现，都能改变人类文明史。

从19世纪第一张详细的大脑皮质机能定位图到20世纪脑CT技术的出

现，再到21世纪认知神经学的快速发展……相信在不久的将来，人类一定能够发现“脑黄金”的秘密。

2017年，哈佛脑科学研究团队获得了美国国家卫生研究院提供的1.5亿美元的巨额资金支持，用以研究大脑的工作机理，进一步揭秘大脑中蕴藏的神秘宝藏。

诺贝尔经济学奖获得者丹尼尔·卡内曼根据人类的理性与感性思维，提出了“两个系统”理论，也就是大脑处理信息时往往依赖于“两个系统”，其中一个系统倾向于感性，它能够快速地、自动地、情绪化地处理信息；另一个系统倾向于理性，它能够逻辑性地、有意识地、慎重地处理信息。通常情况下，人们在处理一些简单的信息时，会运用到感性思维；而在处理一些复杂的信息时，则会运用到理性思维。

当然，每个人的思维习惯不同，即使面对同样的问题，有的人也更依赖于直觉的、情绪化的、反应迅速的感性思维，有的人却依赖于客观的、慎重的、有意识的理性思维。

无论号称自己是个理性的人，还是个感性的人，都只能说明他们的思维方式更加倾向于理性或感性。事实上，每个人的大脑都是理性与感性并存的，没有绝对理性的人，也没有绝对感性的人。理性和感性就像一条长轴上的两端，没有人站在两个极端上，大家都位于两端之间的某个位置上，而且人们所处的位置也不是一成不变的，会根据各种因素不断变化。

偏向理性思考的人，在思考、处理问题的过程中，更看重客观事物的发展规律，而不是自身的情感体验。所谓理性思维，也就是建立在客观事实和逻辑推理基础之上的思维方式。它能够有效避免主观情绪的影响，让人们在思考、处理问题时不冲动、不凭感觉行事，更好地集中注意力，专注于解决问题本身。

但是，人不可能永远保持理性，即便再理性的人，也有感性的时候。因为每个人的大脑都是理性与感性并存的，同样地，每个人思考问题的时候，也需要左右脑相互协作，即理性与感性并存——在生活中应该让感性多于理性，这样才会显得有“人情味”，才能更好地与人相处；在学习和工作中，则应该让理性多于感性，这样才能理智地思考和判断问题，提高学习和工作的效率。

你是在思考，还是在瞎想

哈佛大学的校训是：“与柏拉图为友，与亚里士多德为友，更要与真理为友。”

这句话告诉哈佛学子，要善于思考、勤于思考、主动思考，要用思考的力量去提升，去创造价值。只有拥有强大的思考力，才能掌控人生、靠近真理。

哈佛大学的约翰逊教授曾说：“人必须进行时时思考，今天我们所处的世界总是让人感到陌生和有压力，甚至有些恐惧。只有进行深度思考，才能战胜愚昧，在积极的思考中勇敢地面向未来。”的确，很多失败都是由于缺乏思考造成的。无论是学习、工作、解决问题，还是做决策、探索未知，都离不开积极有效的思考能力。

人醒来后的第一件事情就是思考；人睡着前的最后一件事情，也是思考。

但每个人思考的内容、思考的方式，又有差别——有的人习惯浅尝辄止，思考问题的时候，总是浮于表面，这样说是思考，不如说是瞎想；有的人却习惯深度思考，对每个问题都要“想彻底、想明白”，这样的思考能够接近事物的本质。

那么，什么样的思考，才称得上是积极有效的思考呢？

1. 深度思考

什么是深度思考？就是不断逼近事物的本质，将问题从混乱到有序、从表象到本质、从碎片到整体、从抽象到具象的一个思考过程。通过深度思考，能够让我们找到更重要、更深刻、更本质的关键点。也就是透过重重的表层，追根溯源，找到问题的核心所在。

现代社会信息爆炸，大多数年轻人每天都忙着看手机、上网，以为自己收获颇丰，却从来没有进行过深度思考。很多人都是这样迷失自己的，不知道自己在做什么，也从来没有思考过自己的现状，每天浑浑噩噩按部就班，对任何事物都不求甚解。

深度思考的重点在于过程，它又完全有别于思考的过程。我们是如何进行深度思考的呢？就是当我们发现未知的事物时，会在大脑中形成一个全新的概念，或者在面对书中的事物时，会在大脑中思考和发现它全新的一面。这样的思考算是深度思考。

2. 无遗漏、无重复

在思考问题的过程中，我们经常需要分析多个选项或要素，这时候就会涉及“问题分析法”中经常会提到的“无遗漏、无重复”的思维方式。

什么是“无遗漏、无重复”呢？它是MECE分析法中的一个概念，MECE分析法也叫枚举分析法，全称为Mutually Exclusive Collectively Exhaustive，中文意思是“相互独立，完全穷尽”。简单来说，就是对一个重大的议题，能够做到不重叠、不遗漏地分类，而且能够借此有效把握问题的核心，并提出解决问题的方法。

MECE分析法是麦肯锡的第一个女咨询顾问巴巴拉·明托在《金字塔原理》中提出的一个很重要的原则，也是麦肯锡思维培养的一条基本准则。MECE把一个工作项目分解为若干个更细的工作任务。它主要有两条原则：

“无遗漏”是指分解工作的过程中不要漏掉某项，要保证完整性；

“无重复”是强调每项工作之间要独立，每项工作之间不要有交叉重叠。

3. 保持思考的持续性

我们知道大脑思考的过程是一个处理外界信息并做出决策的过程。电脑工作的过程也是一个处理信息并得出计算结果的过程。两者之间有什么不同呢？

电脑的所有复杂运算，是以二进制为基础的数学运算；而人类大脑处理信息的过程，是在自己脑海中虚拟演绎世界发展变化的过程。当然，两者也有一个共同点，就是具有持续性——电脑可以持续运行，而人的思考过程也具有持续性特征。

在思考过程中，应该保持思考的持续性，明确自己的目标，不要让思维随意驰骋。尤其是在进行深度思考时，更要保持思考的持续性，这样才不会迷失思考的方向。

如果你做到以上三点，便是在进行积极有效的思考，而不是瞎想。如果你再仔细一点，就会发现以上三点，不过是在讲思考的深度、广度和长度而已！

笛卡尔有一句哲学名言："我思故我在。"人只要活着，只要醒过来，就需要思考。

第四章

黄金一小时：
起床之后，最应该做的事情

打造一个高质量的早晨惯例

有的人每天明明起得很早，但为什么还是不见长进呢？

这是因为很多人都存在一个思维误区，以为“早起”就等于“高效率”。事实上，有的人早起了，却忙于各种琐事，把清晨的“黄金一小时”白白浪费掉了。

试想一下：早上花一个小时专注地完成学习任务或工作任务与花费三小时边工作边走神，杂乱无章地完成任务，哪一个更高效呢？

早起只是第一步，打造属于你的“早晨惯例”，才是高效清晨的重点。

美国畅销书作家蒂莫西·费里斯在《每周工作4小时》一书中做了一个探索：他花费了大量时间去调查世界上最成功的一些群体——政客、企业家、科学家、运动员等的早晨惯例是怎样的。然后又将调查的结果用在自己身上，最后得出五个最佳的早晨惯例，它们分别是：铺床、冥想、锻炼、补充水分和写日记。

当然，每个人的生活习惯不同，早晨惯例也不一样，更没有什么标准。

瑞士和比利时的科学家曾经做过一项研究，主要研究早起者与晚起者的大脑活动有何不同。研究人员找来两组受试者，要求他们每晚睡七个小时，什么时间睡觉由自己安排。然后又偷偷告诉第一组受试者，他们必须比第二组受试者早起四个小时。

两组受试者在不同的时间点起床之后，再给他们安排同样的任务，结果显示：两组受试者在执行一系列的任务时，表现差别不大，不过早起者的效率更高，因为他们是在“有意识早起”的状态下去完成任务的，而晚起者则是在“无意识早起”的状态下去完成任务的。

可见，早起后清醒地意识到自己应该去做哪些事情，是确保清晨高效率的关键。

很多人早起后，都像无头苍蝇一样，这里一下，那里一下，根本不知道自己应该做什么。有的人早起后却井井有条，花费最短的时间将应该做的事情都做好了，正是因为他们拥有属于自己的“早晨惯例”。所以说，早上的“例行公事”才是度过一个高效率、高质量早晨的秘诀。

那么，如何才能打造一个高质量的早晨惯例呢？下面这几点，可以借鉴一下：

1. 前一天先做好准备

如果你是学生，前一天晚上就应该把第二天早晨需要用到、需要带去学校的东西准备好，这样不至于早上起来的时候，手忙脚乱。如果你已经工作了，也应该有所准备。

2. 闹钟响了要马上起床

这一点很重要，你必须在闹钟响第一次的时候，就马上起床。否则闹铃就会响第二次、第三次、第四次……相信我，要起床的时候，人的意志力真的很薄弱。

3. 不要贪睡

睡懒觉真的很诱人，回去睡个回笼觉好像也挺不错，但它们都是“温柔的陷阱”，只要你陷进去，一天的计划就泡汤了。

4. 快速整理床铺

畅销书作家蒂莫西·费里斯在《每周工作4小时》中说，铺床能给自己带来掌控感。你可以向他学习，快速整理好床铺，获得掌控感与成就感。

5. 舒舒服服地洗个澡

早上洗澡真的很舒服，而且能够帮你快速从昏昏沉沉的状态中清醒过来。

6. 享受美味的早餐

早餐永远不可缺少，它不会让你饿肚子，还能给你提供一上午的能量。

7. 开始美好的一天

美好的一天就这样开始了，记得出门前给自己一个好的心理暗示：今天又是开心的一天！今天肯定又会收获满满……

无论你是早起的鸟，还是晚起的夜猫子，只有当你起床之后，你的“清晨”才刚刚开始。无论你什么时间起床，你都会拥有“黄金一小时”。而这一个小时所做的事情，将成为一天的基础。所以，你要尽量早起，并且尽量打造一个高质量的早晨惯例。

这样才能够体现出早起的价值，以及清晨“黄金一小时”的价值。

断舍离是确保专注力的必要措施

哈佛大学心理学教授埃伦·兰格写过一本名叫《专注力》的书。她在书里说:“专注力是能与岁月对抗的力量，能让人获得新知、找到差异，从而做出更有利于自己的选择。”

然而在现实生活中，大多数年轻人缺乏专注力，他们不满足于“专一职业”，而迷恋各种快餐式的知识，今天对AI技术感兴趣，明天又开始学经济学课程。他们选择涉足多个行业，拥有多重身份，过着多元化的生活，还自诩为“斜杠青年”，事实上却无一精通，在任何领域停留的时间都不长，对知识的获取也只是浅尝辄止……

如果一个人缺乏专注力，不懂得选择正确、专一的目标，总是游离在不同的领域，哪怕他花费了大量时间去学习与工作，真正能够进入脑子里的东西也少之又少，因为他始终在“滑水”而没有潜入那个领域的“深水区”。要知道，每个领域都有属于自己的庞大的知识体系，其深度远远超乎我们的想象，只有选择正确的学习目标，并且长久而专注地停留在某一个领域，才有可能进入这个领域的“深水区”，成为这个领域的顶尖人才。

时常会有年轻人发出这样的抱怨:明明自己的智商和情商都很高，学习能力很强，工作能力也很强，但是每天忙忙碌碌，埋头于灯下“苦心”学习，加班加点地工作，最后仍旧一事无成，拿不到好的成绩单，没有惊人的业绩，这是为什么呢?

归根结底还是专注力不够！

哈佛大学第二十二任校长洛厄尔说过："想让一个人的大脑发挥最佳的状态，那么就让它不间断地处理一件事情，这样专注地去做、去想，最后一定会取得最好的成效。"

人的大脑在连续处理同一件事情时，才能够发挥最大的功效，只有保持长久的专注力，才能取得最佳的效果。尽管大脑具有同时处理多项任务的能力，但是有一个前提，那就是同时处理的这几项任务必须是自己熟悉的、完全能够掌握的任务。那些分配力、专注力很强的人，往往能够多项任务同时进行，不过对于普通人来说，同时处理多项任务只会让专注力分散。

相比于分散注意力、同时处理多项任务，一心一意地完成一项任务，能够更好地集中注意力，并且提高效率。所以与其同时处理无数问题，不如致力于解决一个问题。

著名的Oxford Learning（牛津学习）网站上也提出了同时处理多项任务对我们的不利影响，它会直接导致注意力分散、学习效率降低。如果你感兴趣，也可以在Oxford Learning网站上学习成功的12个秘诀，其中最重要的秘诀便是：在一段时间内只专注于学习一件事情，停止多项任务操作，做到有效率地学习。通过一心一意地学习，可以提升在每一项任务上的专注力。

这样的"专注力"能够帮助我们更好地知道自己在做什么，以及怎样才能做得更好。

那么，在起床之后，如何让自己保持专注力呢？

除了远离多项任务的隐患，一次只做一件事情，还要学会"断舍离"。

1. 断掉心中的杂念

很多年轻人内心想法太多、杂念太多，在学习或工作时，总是被各种杂念所干扰，分散自己的专注力，无法专心学习和工作。内心的杂念包括混乱的思维、天马行空的想象力、无形的压力等。只有断掉这些杂念，才能让自己保持专注。

2. 舍弃负面的情绪

情绪对专注力的影响是不言而喻的，尤其是负面情绪的影响，比如焦虑、担忧、烦躁等；同时也要舍弃过于积极的情绪，如激动、兴奋等。

3. 远离外界的干扰

外部环境的干扰主要包括：环境中的噪声、环境里的气味、环境的光线和明暗程度、环境的颜色变化、不舒适的衣物、书桌上杂乱的物品、网络与电子产品等。远离它们，给自己营造一个安静、舒适的环境。

泰勒·本·沙哈尔说过："人们总是希望在短时间内做更多的事情，却不知道做事情的数量也会影响到事情的质量；人们也喜欢将简单的事物复杂化，让自己困于自己所设置的障碍中，从而矛盾彷徨。其实，人应该尽量将生活简单化，从事少而精的活动，这样才更能获得成功。"

日本著名企业家稻盛和夫也曾说过："很多人都存在一种思维倾向，就是把事情考虑得太过复杂。可为了靠近事物的本质，我们必须学会将复杂的现象简单化。当事情变得越来越简单时，我们就离事物的本质越来越近了。"

在起床之后，学会"断舍离"，能够让我们更好地保持专注，并且轻装前行。

大脑的空白时刻——“感官失灵”

很多人清晨醒来后，感觉大脑一片空白，好像身体从被窝里爬了出来，意识却没有。这时候大脑运行很慢，甚至会出现充耳不闻、视而不见的“感官失灵”状态，这是为什么呢？

首先，人刚醒过来的时候，大脑和身体的各项机能还处于被抑制状态，就像“没睡醒”一样，需要几分钟的缓冲时间。这段缓冲时间过了之后，才能从被抑制状态转为兴奋状态。大脑出现“感官失灵”，可能只是大脑及身体的各项机能还没有完全“清醒”而已。

其次，人类通过感官和直觉去认识世界、获取信息，然后将信息传递给大脑。不过，人类的大脑不会像录像机那样，能够准确客观地记录所有看到的信息，大脑更像是一位小说家，会将接收到的信息进行过滤，然后结合自己的知识和经验，对信息进行重建。

美国神经生理学家沃尔特·弗里曼说：“我们的大脑从外界接收信息，然后又抛弃掉它们中的大部分，只使用其中一小部分来建立一个内心世界，并以此来代表外部世界。这样，我们好像戴着一副看不见的镜片在看世界，镜片过滤掉大部分的信息，我们通过自己的内心来填充这个世界，就好像填充字母一样。”

简单来说，就是我们所看到的世界，只是自己想要看到的那一部分，大脑会自动“忽略”一部分信息，然后将专注力放在“筛选”出的信息上。

大脑在处理信息时有两个特点：一是大脑接收信息的能力非常差，即使你给大脑输入了十条信息，但最终能够被大脑接收的信息可能只有两三条；二是大脑一次性接收信息的容量十分有限，很难同时处理好多条信息。

这样说来，刚起床时出现“感官失灵”的情况，也就“情有可原”了，毕竟大脑从被抑制状态转为兴奋状态，也需要一点适应时间。

哈佛大学的克里斯托弗·查布利斯教授和伊利诺伊大学的丹尼尔·西蒙斯教授曾经做过一个有趣的实验：他们拍摄了一部短片，片中有两队篮球运动员在不断传球，其中一队穿白色的运动服，另一队穿黑色的运动服。然后让参与实验的志愿者观看短片，统计出片中穿白色运动服的球员的传球次数，并且完全忽略片中穿黑色运动服的球员的传球次数。

两位教授还在短片中安排了一段特别的场景——让一个人假扮成大猩猩，走到球员当中，并且对着镜头捶打自己的胸膛，然后再走出篮球场，全程长达9秒。

在不到一分钟的影片放映结束之后，两位教授询问志愿者看到多少次传球。有的回答35次，有的回答34次……当然，这些回答都不重要，两位教授提出一个更重要的问题：“你在数传球次数的时候，还看到了什么特别的东西？”结果约有一半的人回答没有，尽管那只“大猩猩”在屏幕上停留的时间长达9秒！

接着，两位教授又让志愿者重新观看了那部短片，并且不再有计数的要求。这一次，他们都轻而易举地发现了人群中的“大猩猩”。志愿者大多惊讶地感叹：“我居然没有看到！”还有一位志愿者坚定地认为，自己前后观看的两部短片，根本就不是同一个版本！

在这项实验中，大约有一半的志愿者出现了“感官失灵”的情况，到底是什么原因让他们对屏幕上出现的“大猩猩”视而不见呢？两位教授在《看不见的大猩猩》一书中给出了答案——原来，当人的注意力高度集中在某些特定的事物上时，会出现一种叫作“无意视盲”的认知局限，这种认知局限会自动忽略掉那些“不重要”“不需要”的信息。

这也是很多人粗心大意、马马虎虎的根本原因。要知道，大脑处理信息的能力十分有限，如果有多个目标、多条信息需要处理，大脑便会自动筛选出重要的部分，忽略掉不重要的部分，这样才能保证大脑有足够的资源去处理筛选出的任务信息。

清晨起床之后，大脑开始运行起来，处理大量的信息。你所看到的一切，比如阳光、街道、车辆、人群、树木等，这些事物都代表着不同的意义，需要不同的应对方式。如果大脑无法将感官接收到的全部信息处理掉，便会“自动筛选”，在你“毫无知觉”的情况下，自动选择出需要处理的信息，并且忽略掉大量无关紧要的信息。

所以，清晨刚起床时，如果大脑出现“感官失灵”的状态，不必慌张，只要一会儿就能恢复清醒了。如果是在白天学习或工作中出现“感官失灵”的状态，则是大脑疲惫、注意力涣散的表现。这时记得让大脑休息片刻，因为从你醒来开始，大脑就一直不停地运转着……

有条不紊的秘诀：纸质计划＋数字提醒

在哈佛，每位学子都对知识充满了渴望，不过学习的道路无比漫长，有时更像一场艰苦的赛跑，最终能够到达目的地的人，其实并没有更多有利的条件，因为大家都很优秀，只是有的人自律性更强，懂得如何约束自己，从而获得有条不紊的行动力。

哈佛的学习压力有多大呢？典型的哈佛学子，每学期至少要选3～4门必修课，每节课每周要上3个小时。这些课每周还需要1小时的讨论时间。所以，每周课上学习时间通常为15小时左右；课下时间，学生需要花费大约50个小时，去阅读、完成作业、看课件、参与讨论组等，如果临近考试，需要花费在学习上的时间则更多。

除了学习上花费大量时间，哈佛学子还需要将“宝贵的时间”用在课外活动上。学校会给学生提供各种各样的平台，让学生有机会认识不同领域的人，从而构建起自己的人脉。此外，各种志愿者活动、体育活动、学生俱乐部、政治小团队、音乐会等，都是学生课余生活中不可或缺的一部分……如果哈佛学子无法安排好自己每天的日程，生活将陷入一片混乱之中。还好，大多数哈佛学子都有很好的计划，他们通过“纸质计划＋数字提醒”的方式，让自己的生活始终处于有条不紊的节奏中。

首先，让我们来看看哈佛学子是如何制订“纸质计划”的。

一位名叫“Zhu”的哈佛学子曾在网上分享了自己的“纸质计划”。

他说："我马上就要成为大三党了，在哈佛度过了一半的大学时光，此刻内心有一种怀旧的感觉，无论如何，对我而言，这都是一个自我反省的好机会……同时，在这个时间点给大家展示一下我的大学生活再适合不过了……"

Zhu给自己制订了每日计划，他选择将自己每天要做的事情写在纸质日历上，而不是输入谷歌日历。他在纸质日历上划分出六个区域，每天占一个区域，这样每天要做的事情就可以有对应的区域，这就是他的周计划了。

他是如何实施自己的周计划的呢？首先在本子上写下自己的计划，完成一件就划掉一件，这个过程能让他的内心产生一种满足感。他也能真切感受到每天在校园内度过的时光。

最后，他分享了自己写在纸质日历上最具代表性的一周的日常安排：

1.学术

他在哈佛修哲学和政治学双学位，每个专业都要分别修两年的课程；另外还有两门课程，一个是政治理论简介，另一个是政治研究方法，其中有三节课都要写论文。所以，一周大多数时间他都在忙着读书写文章，有几份作业截止日期快到了，简直忙得要死了！

2.课外活动

这一周他还要参加超多的社团活动：一份工作，一份学期的实习，一个女学生联谊会，一堆专业预备组织，一个文人晚餐会等等。

3.社交活动

这周他还有八次和朋友一起吃饭的安排。周六晚上的舞蹈秀是学生的华丽大秀，每年都一票难求！周五到周六之间他会参加4个派对。周末就放松一下，每两周出去玩一次释放压力，否则他感觉这种快节奏的生活要把自己逼疯了。

一周的活动这么多，他是怎么度过呢？答案是熬夜。他坦言自己在一周里可能会熬夜好几次，有时直到清晨，透过窗户看到了日出！

接下来，再看看"数字提醒"有什么作用。

"数字提醒"的概念源于现代管理学，尤其是互联网时代，是否懂得数字化管理，已经成为衡量管理者优劣的重要标准。有的“数字提醒”，提升管理的精确度。有了精确的“数字提醒”，管理者才能清晰地把握员工的业务情况，从而给出更精确的指令。

在很多公司里，管理者的水平如何，也是通过“数字提醒”来呈现的——初级管理者“眼中无数”，只能做定性管理；中级管理者“眼中有数”，能够根据数字做定量判断；高级管理者“心中有数”，能够把握重要的数字，并且熟知这些数字之间的关系。

如果将“数字提醒”放进日常生活中，或者写进“纸质计划”，同样会有巨大的影响力。比如，为了早起而设置的闹钟上的数字；为了达到某个目标而写下的数字；有了多少进步直接用数字表示等。数字不仅能够给我们带来最醒目的提醒，而且能够帮助我们更好地量化执行计划的时间、进度以及成果。

可见，“纸质计划＋数字提醒”正是哈佛学子繁忙生活中仍旧保持有条不紊的秘诀所在！

晨读：构建信息化时代的记忆宫殿

晨读，每个人都曾有过的“美好经历”——从幼儿园到大学，甚至工作之后，很多人都保持着晨读的好习惯。因为早晨空气清新、头脑清醒，晨读能够帮助我们很好地记忆。

一个人能够记忆的东西越多，说明学到的知识也更多。很多老师、父母认为，早晨是人记忆力最好的时段，所以总是要求孩子早起晨读、背诵单词或课文。虽然老师、父母的想法是对的，但是认为“清晨是人记忆力最好的时段”，不完全正确。

大量的科学研究表明，每个人最佳的记忆时段不一定是早晨，比如一些“夜猫子”，他们晚上的记忆力会更好；而有的老年人，在下午的记忆力才最好。所以，我们不能一概而论，而要根据每个人的年龄、体质、习惯、心理状况等因素，确定每个人的最佳记忆时段。

1978年，美国圣约翰大学的两位教授——里塔·邓和肯尼斯·邓做了一个有关记忆力的实验：他们采访调查了几千人，其中包括儿童、青少年和中老年人，最后将这些人在一天中的“最佳记忆时段”做了记录：

1. 30%的人，在清晨记忆力最佳，刚一清醒，他们就做好了吸收新知识的准备；

2. 30%的人，在下午记忆力最佳，他们在午休醒来后记忆力最强。

3. 30%的人，在晚上记忆力最强，他们就是传说中的“夜猫子”。

4. 10%的人，没有时间上的偏向性，在任何时段都能很好地记忆。

虽然每个人的“最佳记忆时段”不同，但大约1/3的年轻人的“最佳记忆时段”仍旧是清晨。这时候进行晨读，或者学习一些重要的知识，往往会收获满满。

事实上，在信息化时代，人类的整体记忆力正处在不断下滑的状态，主要是因为“外包大脑”的出现。什么是“外包大脑”呢？就是将大脑需要记忆的东西，外包给云端，将其存储在网络系统之中。这无疑是网络信息数字化时代给人类提供的最实用、最便捷的服务了。

虽然“外包大脑”给我们带来了很多方便，但也存在一些问题：比如过度依赖“外包大脑”只想把有用的信息存储在云端或硬盘上，而不愿意用大脑去记忆。

我们应该明白，大脑记忆才是人类知识结构、能力结构中最基础的一个环节。只有通过大脑记忆，才能积累经验与学识，才能实现思维上的创新。过多地使用“外包大脑”，只会让思维越来越僵化，遇到问题只会网络式搜索，人会渐渐地失去了独立创新的能力。

那么，如何才能构建信息化时代的记忆宫殿呢？

那就是找到属于自己的“最佳记忆时段”，用大脑去思考、学习和记忆。当然，死记硬背肯定不行，而应该讲究方法。下面推荐几种哈佛学子常用的记忆方法：

1. 形象记忆法：将要记忆的材料转变成有趣的画面

心理学研究发现，所有的记忆都具备形象化与图像化的过程，而不仅仅是简单地依靠想象力。所以，在面对枯燥无味的材料时，可以通过丰富的想象将这些材料转化为生动有趣的画面或者故事，让记忆更加深刻。

2. 理解记忆法：在牢记前对内容进行深入的剖析

理解记忆法是最普遍的一种记忆手段，比如对原理、定义、公理以及法则等的记忆都需要先理解内容，然后才能牢固地记住。理解记忆的前提就是思考，通过深入地思考，能让材料变得透彻，更容易记住。

3. 关联记忆法：让抽象的东西与熟悉的东西建立联系

所谓关联，相当于用一根绳子，将一头熟悉的印象深刻的事情和另一头不熟悉印象不深刻的事情紧紧地结合起来。当我们回忆时，可以通过熟悉的事情，联想到不熟悉的事情。比如要记住某一张扑克牌，可以将红桃8想象成鳄鱼，将方块4想象成某位歌星，如果让鳄鱼咬住歌星，那么当我们想到鳄鱼时，就会想到歌星。这就是关联记忆。

总之，如果能够把握好清晨记忆力最佳的时段，利用好的记忆方法，便能让学习事半功倍。在美好的清晨，无论进行晨读、学习还是工作，都能有更多的收获。

晨跑：全速前进在人生的赛场上

晨跑是大多数初三学生的“日常”，因为占中考成绩有40分之多。如果不增强自己的体质，又怎么能通过体育考试呢？如果没有体育考试，恐怕愿意进行晨跑的学生并不多。

当然也有少数学生是出于习惯而晨跑，或者为了增强体质而晨跑。

无论基于什么原因而晨跑，都要注意自己的体质特征，同时也要注意晨跑的时间长短、距离远近。不要以为只是跑步就不会出现危险，事实上每年在晨跑中受伤的学生也很多。

晨跑也应该像其他运动一样，循序渐进地展开，而不能直接进行高强度的晨跑运动。换句话说，在晨跑开始前，应该先做一些简单轻松的热身运动，等身体进入了运动状态，再开始晨跑。

通常情况下，半小时的晨跑应该有3分钟左右的热身时间；然后循序渐进地跑20分钟左右，要根据自己能力去加速，而不是盲目追求速度；最后5分钟做拉伸放松运动，让身体慢慢恢复平和，再结束晨跑。

这样的晨跑方式，才是最健康、最舒服的，才能让年轻人全速奔跑在人生的赛场上！

那么，晨跑对年轻人来说，都有哪些好处呢？

1. 让早晨的时光更充裕

有晨跑习惯的人，无疑都拥有良好的时间观念。他们只会早起，而不会晚起，他们往往比一般人拥有更多时间。

2. 精神更抖擞，不会打瞌睡

晨跑，可以让你精神更抖擞，给你一天的战斗力。

3. 提高食欲，让你的消化能力更强

在晨跑过程中，人体的消化器官会加速血液循环，有助于提高你的胃肠消化能力。

4. 增强体质，预防骨质疏松

坚持晨跑的人，身体素质都很好，身体各项机能都保持在健康状态。晨跑还能预防骨质疏松，增加骨骼密度。

5. 让人心情愉悦

晨跑属于有氧运动，在晨跑过程中，毛细血管会张开，身体多个部位都会参与其中。这时候你会感受到心情愉快，内心的压力和焦虑也消失不见了。

虽然晨跑好处多多，但总会有人在晨跑过程中受伤，所以要特别留意做好自我防护。

著名的《哈佛公报》曾发布过一项研究报告指出，那些脚步轻盈的跑步者，很少会受伤；而那些脚步声巨大、落地铿锵的跑步者，时常弄伤自己。这是为什么呢？

在过去的很多年里，30%～75%的跑步者都发生过不同程度的损伤，其原因主要为跑鞋不适合、跑前没有做拉伸运动、肌力不平衡等。

但哈佛大学的研究表明：脚步很重或者脚掌先着地的人，更容易发生损伤。而柔和的着地方式可以减少跑步受伤的可能。研究发现，柔和的着地倾向于更快的步频，最佳的步频是在每分钟 180～190 步之间，此时的着地声音比较柔和。至于采用前脚掌着地还是脚跟着地，这本身反倒不那么重要了。所以，在晨跑的时候，最好不要戴着耳机听歌，而是听自己的脚步声，让自己跑得更加轻盈。

早餐会议：轻松拓展人脉的好时机

哈佛大学食堂的早餐选择性很大，因为哈佛大学汇集了世界各国的优秀学子，必须解决“众口难调”的问题。不过，哈佛学子在食堂里吃早餐，不仅是为了填饱肚子，还有其他目的——借着吃早餐的短暂时间，拓展自己的人脉。

所以，在哈佛大学，吃早餐又被称为“早餐会议”。

哈佛校园中一直流传着这样一种观念：“你认识谁比你是谁更重要！”

在这个重视社交、凭借人脉就能打天下的新时代，人际网络的组建已经成为人们的共识。它不仅是人生高度的基本标志，也是人际交往中“群分圈子”的基本符号。

“人脉”在哈佛校园中并不是一个难以启齿的话题，相反，哈佛会大方地向每位学生传授“人脉课”，课上有一些来自政界或商界的旁听生，还会利用哈佛深厚的人脉拓展自己的人脉圈子。哈佛人脉课的授课模式也非常实用化——根据大家的职业背景，把大家组织起来，形成背景多样化的小组，课前课后，学习小组可以展开讨论，用案例的方式进行分析。

在拓展人脉的过程中，要学会“择优原则”，也就是与优秀的人成为朋友，而这份优秀应该建立在个人情况之上。通常优秀的人有三种：一是经验比自己多的，二是人脉比自己广的，三是实力比自己强的。优秀的人脉要根据自身的需求来核定。

如果你缺乏可利用的资源，就多结交一些拥有丰富资源的圈子；如果你缺乏资金，就结交一些富人组成的优质圈；如果你缺乏人脉，就结交一些拥有广阔人脉的优质圈。

只有与自己相比，水平更高一等的人组成的圈子才能算是优质圈。因此，要组建一个优质的人脉圈子，就要多结交一些比自己更优秀的人。千万不要只和比自己水平低的人为伍，那样只会让自己不断退步，甚至变得自负与慵懒。

网上有一个词很流行——“Man Keep”，其本意为“人脉管理”，有人根据发音将它说成“脉客”，现指善于运用人脉、善于经营和管理人脉的人。

进入新时代，人脉圈子的建立已经变得越来越重要了。如果你能够进入一个优质的人脉圈子，就意味着拥有了巨大的人脉关系网络。相反，如果你成为局外人，就有可能被淘汰出局。

斯坦福大学的研究中心曾经发表过一份调查报告，其结论显示：一个人一生中所赚的钱有12.5%来源于自身掌握的知识，有87.5%来源于自己拥有的人脉圈子。

而在纽约举行的一次主题为“Man Keep”的大会上，数千名“脉客”聚在一起探讨圈子的重要性，真正的“脉客”所经营的圈子都是“养兵千日，用兵一时”的。

一个优质的圈子能够同化圈子里的人，而一个优秀的人会带动整个圈子的发展与进步。个人能力通常是与圈子相辅相成的。无论再优秀的人才，都不可能脱离圈子独立发展，就像人无法离开社会一样。面对竞争，你要做出最明智的选择，是要成为局内人，还是成为局外人。

现在，你应该能够明白，为什么哈佛学子不会放过吃早餐的机会，去认识更多的人了吧。因为，这是一个靠“人脉”打天下的时代，而“人脉”是构建世界的基础法则。

人生的奥妙之处就是与人相处，携手同行。生活的美好之处就是送人玫瑰，手留余香。人生就是如此，你选择和什么层次的人在一起，就会到达什么层次。

美国有一句谚语："和傻瓜生活，整天吃吃喝喝；和智者生活，时时勤于思考。"

那些善于发现别人优点的人，能够将他人优点转化为自己的长处，让自己也成为聪明的人。学最好的别人，做最好的自己，借人之智，成就自己，这便是成功之道。

此刻出发：在逐梦的路上元气满满

哈佛大学有一句名言：“你要像狗一样地学习，像绅士一样地玩。”

这句话听起来十分通俗易懂，所揭示的道理却十分深刻：无论是学习，还是玩耍，都应该充分利用好每一分、每一秒的时间，全力以赴。在学习时，要心无旁骛，专注学习；当学习任务完成之后，要放下疲惫的身心，专注休息。这样才能在起床后，立刻踏上征程；在逐梦的路上，保持元气满满。

哈佛学子能够在学习和休息这两种状态间自由转换——学习的时候，就专注学习；休息的时候，就专注休息。

不过，现实生活中，很多年轻人缺少这种“自由转换”的能力。在学习状态中无法专注于学习，休息状态中无法专注于休息。

他们的专注力转换缓慢，很难快速适应全新的环境，也难以快速进入全新的状态中。相比之下，哈佛学子在学习和休息两种状态之间自由转换的能力，值得我们去学习和效仿。

中央电视台留学频道曾推出一档名为《世界著名大学》的系列专题节目，第一期的“主角”便是百年名校哈佛大学。为了更好地还原哈佛大学的真实风貌和浓厚的学习氛围，制片人谢娟和摄制组成员亲自前往哈佛大学进行了实地采访。

谢娟在哈佛大学发现两个震撼人心的画面：一是哈佛校园里随处可见

睡觉的人，甚至在食堂的长椅上也有人在呼呼大睡，而旁边就餐的学生并不感到奇怪，因为他们知道那些倒头就睡的人，是因为学习太累了。二是许多学生一边啃着面包，一边还在忘我地看书。

这种浓厚的学习氛围让谢娟深受感染，她采访了几位优秀的哈佛学子，才知道在哈佛大学，学生的学习几乎是不分白天和黑夜的。不过，他们也乐在其中，因为他们有远大的梦想。

一位在哈佛留学的北大女孩告诉谢娟："哈佛的本科生，每学期至少要选修4门课，一年是8门课，4年之内修满32门课并通过考试才可以毕业。一般而言，学校都要求本科生在入校后的头两年内完成核心课程的学习，第三年开始进入主修专业课程的学习……而且，哈佛的作业量很大，学生在课后还需要花很多时间看书、预习案例……"

虽然哈佛大学的学业压力很大，但学校并不提倡学生将所有的时间都用来学习，而应该"像狗一样学，像绅士一样玩"，让学生在学习状态和休息状态间自由转换。

谢娟和摄制组成员用镜头记录哈佛学子的课余生活，他们积极参与学校组织的艺术活动，例如音乐会、戏剧表演、舞蹈演出以及其他艺术展览等。不仅如此，哈佛每年都会举办艺术节，这极大丰富了学生们的课外生活。学生在这些充满艺术气息的活动中得到了艺术的熏陶，同时他们的审美能力和艺术修养也得到了进一步提高。

这也是哈佛大学的教育理念之一，让学生在日后的学习与工作中学会劳逸结合。当我们完成一项紧张的学习任务之后，要学会转换自己的注意力，从学习的状态中抽离出来，全身心地投入到玩耍中，让身心都处于放松的状态。在尽情地休息一段时间后，精力和体力都得到了恢复，此时再转换到学习状态中，自然会获得全新的动力，更加专注于学习。

近几年来，由近百所美国顶尖私立高中组成的联盟Mastery Transcript Consortium（MTC）发明了一种全新的学生评价体系。这种评价体系不包含分数，也不评级，而是持续追踪评估孩子的八项能力，其中"建立灵活、敏捷的适应能力"成了评估的八项能力的重点之一。这种评价体系刚刚推出，便得到了美国大学申请系统（CAAS）的支持，而使用CAAS申请系统的有哈佛大学、耶鲁大学、普林斯顿大学、哥伦比亚大学、斯坦福大学、康奈尔大学、达特茅斯学院、杜克大学、密歇根大学等80余所美国名校。

什么是“灵活、敏捷的适应能力”呢？它不仅包括学生快速适应全新的学习环境、生活环境以及社会环境的能力，也包括从一种状态转换到另一种状态，从一个事物转移、聚焦到另一个事物的能力。那些拥有“灵活、敏捷的适应能力”的学生，才能在不同的状态之间进行自由、快速的转换，让专注力如同相机镜头一样实现快速转换和快速聚焦。

中国现代美学奠基人朱光潜先生说过：“越聪明的人，越懂得休息。”

你也应该像哈佛学子那样，拥有“灵活、敏捷的适应能力”，能够自由、快速地切换“学习”和“休息”两种状态——在休息时，专心休息；在学习时，专注学习。

只有这样，才能让自己始终保持元气满满的状态，在逐梦路上轻松前行。

在不曾早起过的时间里，做点“非常规”的事

比昨天早起五分钟，赋予人生另一种可能

一个人想要获得成功，离不开两个因素——天赋与努力。

每个人的天赋是与生俱来的，有高低之分且难以改变；但努力是“可控因素”。一个人付出了多少努力，坚持了多长时间，都会影响到最终结果。

其实，只要你能够比昨天早起五分钟，并且一直坚持下去，人生就会发生质的变化。

很多年轻人可能都有睡懒觉的习惯，尤其是周末。当闹钟“按时”响起时，他们总会迷迷糊糊地将闹钟关上，安慰自己说：“没事，今天是周末，还可以继续睡下去……”

可是，到了该上学或者该上班的日子，当闹钟响起时，他们仍旧安慰自己说：“时间还早，还可以再睡五分钟……”如此拖拖拉拉，一直到不得不起床的时候，才不甘心地掀开被子。

晚上睡觉的时候也如此，总是告诫自己，要马上睡觉，明天还要学习，或者还要工作，但拿起手机就忘了刚刚的承诺，也忘了时间。一直拖到半夜一两点，还在告诫自己：最后五分钟，最后五分钟……

可能很多人没有意识到，就是这短短的“五分钟”时间，能赋予人生另一种可能！

比昨天早起五分钟，你可以多出五分钟的时间来看一篇文章、多做几

个运动、多享受一会儿美食、多背几个单词……如果坚持早起五分钟，你的生物钟和时间观念也会跟着改变。

千万不要小看这短短的“五分钟”，一天两天也看不出什么效果，但是一个月两个月、一年两年、十年二十年呢？短短的“五分钟”就会成为可观的时间。

中国有一种很特别的竹子，第一年的时候竹子一点儿动静也没有，甚至连芽都不会冒出来，第二年、第三年、第四年依旧如此，直到第五年的时候，它才从土里冒出一点小芽，可是之后的一年里，它的长势十分惊人，每天至少要长高0.6米。在夜深人静的时候，你走进竹林里，甚至能够听到竹子拔节生长的声音。

人们很好奇，为什么这种竹子能够在一年的时间内迅速成长起来呢？

其实，在它长出地面之前，它的根部已经在地下默默地生长了，最长的根系甚至可以延伸到好几里之外。它就这样默默努力着，一天又一天，一年又一年，直到时机成熟的那一天，就突然从土里冒出来，让看到的人惊叹不已。这便是著名的“竹子定律”。

美国畅销书作家马尔科姆·格拉德威尔在《异类》一书中写道：“人们眼中的天才之所以卓越非凡，并非他们天资超人一等，而是他们付出了持续不断的努力。一万小时的锤炼是所有人从平凡变成世界级大师的必要条件。”这便是著名的“一万小时定律”：不管你做什么事情，只要坚持一万小时，基本上都可以成为某个领域的专家。

很多人无法坚持，是因为在行动的过程中，遇到了困难、障碍、瓶颈，或者没有得到显著的回报便放弃了坚持。但是困难能够解决，障碍能够跨越，瓶颈也能突破，而且长久坚持还有可能带来意外的收获，正如默默生长的竹子一样，正如“一万小时定律”所讲的一样。

“忙完秋收忙秋种，学习，学习，再学习。”这是一句广泛流传在哈佛大学的话。这句话充分说明了学习的重要性。我们也可以看出即使是身处哈佛大学的“天之骄子”也要不停地学习，日复一日，年复一年。因为他们知道，学习贵在坚持，只有不停地学习，才能有所进步。哪怕每天多学习“五分钟”，一年下来也会有显著的进步。

人的一生中，大家拥有的时间差不多，天赋也差不多。大多数人出生在这个世界上，手里的“牌”都差别不大。可是，随着时间的推移，人与人之间的差距就慢慢变大了，这是为什么呢？

其实就在于每个人付出的努力不一样，每个人坚持的时间不一样。如果你相信“竹子定律”、相信“一万小时定律”，那么就从今天开始，比昨天早起五分钟，并且一直坚持下去……

相信在一段时间之后，你会发现自己的人生发生了质的变化。

每个人都需要破壳而出

很多年轻人无法早起，原因主要有三点：一是习惯如此，难以改变；二是没有早起的意识，甚至从来没有想过要早起；三是缺少早起的方法，想早起，却又做不到。

尤其是冬天，被窝里又暖和、又舒适，谁不想多睡一会儿呢？

哈佛校训中有这样一句话："此刻打盹，你将做梦；此刻学习，你将圆梦。"

如果你不想每次考试成绩都落于人后，不想每次绩效考核都垫底，就要从暖和的被子里爬起来，哪怕它是你的"保护壳"，你也必须破壳而出，踏上学习之路、奋斗之路。

谁不想一直待在舒服、温暖的"壳"里，不用学习，不用努力，不用吃苦呢？

但年轻人还没有到应该"享受"生活的年纪。如果在应该拼搏的年纪选择了安逸，放弃了努力，那也是对自己人生的不负责。现在吃的苦，终将变成未来的甜；而现在选择了安逸，未来必然会吃苦。这不是人人都懂的道理吗？

很多人喜欢待在自己的"壳"里，而不愿意做出改变，也是有原因的。

"壳"里温暖又舒适，不用面对挑战与压力，不用费力学习或工作，不用与人竞争，也不用面对改变带来的不确定性。这样的"躺平"人生，难道不好吗？

如果非要破壳而出，就意味着要去学习或工作，要去面对竞争与压力，要去面对各种“不确定性”。对很多人来说，破壳而出就等于放弃原有的思维模式与生存模式，并且需要去建立全新的思维模式与生存思维，这一过程本来就是难以忍受的煎熬。

但是，对任何人来说，心理的重大改变和跃升，任何放弃“旧模式”建立“新模式”的过程，都会出现各种“不确定性”，都会产生各种“不安全感”。

如果能够战胜这种“不确定性”和“不安全感”，就不会害怕并且抗拒改变了。相反，这种改变还会带来“新生”——每个人破壳而出之后，都会进入全新的状态中……

抗拒改变是人性的弱点，人性中的恐惧和懒惰决定了人们安于现状。改变包括行为、生活方式的改变，还包括思维方式的改变。行为、生活方式的改变或许还算容易，思维上的改变却很困难，因为思维的改变意味着质疑甚至否定自己原有的价值观和世界观，再逐渐建立起一个全新的价值观和世界观，这就像给自己的思维做了一次手术，是痛苦而又孤独的过程。

现实生活中，还有很多人将“不变”当成一种美德、一种约定俗成的褒奖，然而“不变”也会成为一种束缚。安于现状，保持原有的生活模式，能让我们感觉“熟悉”和“安全”，但同时也意味着不思进取、因循守旧，渐渐失去创新的能力。

苹果的CEO蒂姆·库克在母校杜克大学的毕业典礼上，对学弟学妹说过这样一段话：

“你们这一代人比以往任何人掌握的知识力量都强大，这能够让世界快速发生改变。得益于科技的发展，每个人现在都有让改变发生的工具和潜力，因此我们可以让这个时代变成最好的时代。”

生命中最严苛的挑战，就是知道何时突破传统，做出改变。每一位年轻人都应该如此，破壳而出，不再墨守成规，不再安于现状，不再抗拒改变。当你真正破壳而出的那一天，当你离开温暖、舒适的被窝，勇敢踏出第一步之后，翻天覆地的改变将接踵而来。

习以为常的，不一定就是正确的

习惯的力量有多大呢？一个人只要养成了一个习惯，就会不自觉地在“习以为常”的轨道上运行。无论这个习惯是好是坏，都将给人的一生带来巨大的影响。

美国心理学家威廉·詹姆斯曾说：“种下一个行动，收获一种行为；种下一种行为，收获一种习惯；种下一种习惯，收获一种性格；种下一种性格，收获一种命运。”

习惯是人类长期形成的一种行为方式、思维方式和处世态度，它就像不断转动的车轮一样影响着每个人的生活。好的习惯能够让你脱颖而出，帮助你站在成功者的行列中；坏的习惯会让你越来越困顿，就像陷入恶性循环的泥沼中一样难以自拔。

当你习惯做一件事，就会切身体会到这种习惯所蕴藏的巨大力量。

比如有的年轻人习惯睡懒觉，很多年早就习以为常——或许也想过做出改变，但因为各种原因，始终没有成功；或许从来没有想过改变，日复一日、年复一年，就那样过去了，根本没有意识到“睡懒觉”这件事情给自己带来了多少坏处。

培根说：“习惯是一种顽强而巨大的力量，它可以主宰人生。”

亚里士多德说：“重复的行为造就了我们，因此，卓越不是一个行为，而是一种习惯。”

很多人都知道自己身上有很多不好的习惯，也想养成一些好的习惯。但任何一种习惯的养成都不是一朝一夕的事情，它需要在一次次重复的行为中被塑造出来。

现代心理学中的观点是：人之所以会产生某种习惯，是因为大脑一直在寻找一种最“省力”的方式，而习惯能够让大脑得到更多、更大的好处。

每个人在思考问题的时候，都会按照以往的经验或固定的、模式性的思维去做出判断，这就是心理学家所说的“思维定式”。尽管思维定式有助于大脑的思考，但更多时候会影响到我们的决策能力，让我们将一些习以为常的事物认定为“正确”的。

一个人拥有思维定式也是正常的，这几乎是人人都会犯的“通病”。可是过于单一，或者教条式的思维定式，会让自己陷入不自觉的僵局之中。

那么，如何才能打破“思维定式”呢？

1. 不要被“习以为常”的东西所欺骗

每个人都有自己的认知，都有自己的知识体系，都有自己的判断力。但并不是说，自己觉得正确的事情，就一定是正确的。因为人的认知会有局限，很多自以为正确的事情，不一定正确。所以，知识不等于智慧。一个人的知识储备如果过于单一、固化，便很容易变成思维定式的牺牲品，将无法实现创新和突破，更无法有效地发挥自己的创造力。

2. 对于“习以为常”的东西，也要有批判性思维

所谓批判性思维就是一种怀疑精神，既要批评，也要有自己的判断，而不是为了批评而盲目批评。在接触到一个事件时，首先要产生怀疑。怀疑的前提是思考，通过思考对事件进行准确的判断。但是人总是过于倾向审视他人，而忽略了思考应有的意义。当人因为抵触外界而产生批评时，基本上很少有自己的想法，所维护的不过是一种假的正义罢了。

除了思维定式，压力也会促进习惯行为的形成。这是加州大学洛杉矶分校和杜克大学的最新发现：人在巨大的压力下，更容易信赖惯性行为。也就是说，当人们感到有压力时，无法轻易做出决定，意志力也会随之减

弱，让人感到不知所措。这时候，惯性就会成为行为的“指控官”。这种状态下，人们在做事情时不会在意采取行动的正确与否，而只会做出习惯性的行为。

总之，任何一种习惯的养成或改变，都不是一件简单的事情。它由人的大脑与心理所决定，如果一个人的意志力不够坚定，不仅难以养成好的习惯，还容易养成更多坏的习惯。

现在，你已经知道一个人的习惯是如何养成的了。那么，你觉得自己有足够的意志力去养成每天“早起”的好习惯了吗？

吃到葡萄之前，先别急着说它是酸的

《伊索寓言》中有这样一个家喻户晓的故事：

一只狐狸午睡起床后，感觉肚子很饿。这时正好路过一个葡萄架，看到熟透的葡萄一串串掉下来，它的口水都流出来了。

可葡萄架太高，狐狸踮起脚也够不着。聪明的狐狸想到了一个好办法，向后退了几步，然后猛地跳起来，可是离葡萄还是差一点点。经过好几次跳跃，仍旧没有成功。

狐狸有些累了，也有些心灰意冷。不过，它马上又笑了起来，自我安慰道："这些葡萄看着很诱人，但说不准是生的，又酸又涩呢。幸亏没吃到嘴里，不然我会难受死的。哼，这种酸葡萄，就是送给我吃，我也不愿意吃！"

狐狸这样想着，"心安理得"地走开去寻找其他的食物了。

这便是心理学上著名的"酸葡萄效应"，指的是自己的需求无法得到满足，甚至产生挫折感时，为了消除内心的不安而编造一些"理由"进行自我安慰，让自己从不安、焦虑的情绪状态中解脱出来，不会受到伤害。

如此说来，"酸葡萄效应"也是人类的一种自我保护机制。

现实生活中，很多年轻人不都像这只狐狸一样吗？起初信誓旦旦，给自己制订了一个目标，比如清晨早起背诵10个单词，可第二天清晨闹钟一响，又不想起床了，还给自己找来各种借口：再睡几分钟吧，没有睡好，哪有精力背诵单词呢？这个时间点，起床的人应该很少吧？大家都没有起床，我继续睡也很“正常”啊！算了，继续睡吧，明天再背也不迟……

就这样，不仅早起的计划被抛之脑后，还给自己找来一大堆理由，以求心安理得。

1959年，美国心理学家利昂·费斯廷格首次提出了“认知失调理论”。他认为，当一个人的认知成分相互矛盾时，或者从一个认知推断出另一个对立的认知时，便会出现心理上的不适感。这便是“认知失调”。为了解除这种不适感，心理防御机制会站出来，给自己找出各种理由，各种安慰自己，以此来恢复心理上的平衡。

这样的例子在生活中屡见不鲜，比如当我们得不到自己想要的东西时，就会将其“丑化”，让它变成狐狸口中的“酸葡萄”，从而让心理平衡。比如面试工作失败了，内心本应该有些失望，但转念想想这份工作也有各种不好的地方，工资不够高，福利不够好，还不让请假……这样一想，内心的失落感没了，反而多了一丝欣慰。

再比如，当我们努力追求的目标无法实现时，就会强调自身既得的利益，淡化目标的结果，从而让自己不至于过分失望和痛苦。比如一起参加选秀节目的朋友入围了，你却被淘汰了。为了减轻内心的失望与痛苦，你可能会安慰自己说：“这次入围又不代表会成为冠军，就算成为冠军也不一定会红，没什么可羡慕的。我自己虽然被淘汰了，但有了参赛经验，还有更多的比赛在等着我呢！”

“酸葡萄效应”作为一种心理防御机制，最积极的意义就在于，它能够让我们在遭遇困难与挫折后减轻或者免除精神压力，让心理保持平衡，从而更好地适应现实的社会生活。

不过，这种阿Q式的“心理安慰”，也只能暂时缓解内心的压力与痛苦，不能依赖于此，而应该马上采取积极的应对措施，解决问题，让自己获得真正积极的情绪。

那么，如何才能彻底摆脱“酸葡萄效应”呢？

最好的方法，就是改变自己的态度和行为。失败了就承认失败，从失败中获取经验，寻找“下一次做得更好”的方法，而不是给失败找借口；想要得到某个东西，要努力提升自己，通过自己的努力去获得，而不是通过自我安慰，去缓解内心“求而不得”的失落感。

心理学上有一个著名的“特里法则”，它源于美国田纳西银行前总经理特里的一句管理名言：“承认错误是一个人最大的力量源泉，因为正视错误的人将得到错误以外的东西。”

当错误不可避免地出现时，我们的第一反应是“承认错误”，而不是找借口。

曾经的畅销书《哈佛女孩刘亦婷》中这样写道：“她也有像许多小朋友一样的缺点，如‘爱掉字，抄错字’的毛病，但是她能正视错误、改正错误，将‘粗心’变为‘细心’；她学习的条件并不优越，但她喜爱学习、渴望学习；愿意比别人付出更多的汗水……”

只有改变自己的态度，承认错误，接受错误，才会想办法去改正错误，战胜错误。如果只知道找借口安慰自己，那么就不可能“知错能改”了。

在吃到葡萄之前，先别急着说它是酸的；在遭遇挫折和失败时，先别急着找借口。

立刻改变“让我再睡五分钟”的回笼觉模式

年轻人大多有赖床的习惯，平时闹钟响起时，总会迷迷糊糊地按下闹钟，再“睡五分钟”的回笼觉。如果是节假日，赖床的时间就更长了，甚至睡到“日上三竿”还不想起床……

或许有人认为，早上睡个回笼觉，可以让自己更加清醒，也更有精力。美国《预防》杂志却发文指出：在闹钟响了几次之后才起床的人，醒来后会更不清醒！

年轻人想睡回笼觉的原因无非有两点：一是真的没有睡够，因为前一天加班学习或工作，导致睡眠时间不足，所以需要睡个回笼觉，补充睡眠；二是不想起床，哪怕晚上的睡眠时间充足，第二天早晨仍旧迟迟不想起床。虽说回笼觉是睡眠的延续，按理说应该百利而无一害，但现实的情况是，很多人睡完回笼觉后，脑子都是昏沉沉的，精神还很恍惚。

那么，年轻人究竟应不应该睡回笼觉呢？

首先，我们应该知道，人的睡眠是有周期性的，而且每个人都存在生物钟，因此每天到了固定的时间，就会“自然”醒来。但这时候，大脑并没有马上处于正常的兴奋状态，而是由抑制状态向兴奋状态过渡，此时大脑高级中枢会发出重新进入浅睡眠信号——如果人的意志不够坚定，不能马上起床，便会产生睡回笼觉的想法。

对经常加班工作、熬夜学习或者有失眠症的人来说，睡回笼觉可以补充睡眠，更好地恢复精力。但是，对没有以上症状的人来说，睡回笼觉则有很多“副作用”。

1. 回笼觉会影响记忆力

睡回笼觉的时候，中枢神经会长时间处于兴奋状态，而其他活动神经会被抵制，从而让人出现精神萎靡的现象，久而久之便会导致记忆力下降。

2. 回笼觉会引起内分泌紊乱

人体生物钟时刻在运转，内分泌也按时释放，而睡回笼觉会打乱人体生物钟，让内分泌失调。

3. 回笼觉会影响心肺功能

第一次起床之后，人体的心肺功能就已经复苏了，然后逐步进入加强状态，这时候睡回笼觉，心肺也会受不了的。

4. 回笼觉会影响肠胃功能

爱睡回笼觉的人，宁可不吃饭也要继续睡觉，这时胃部的食物早就消化完了，肠胃会因为饥饿而收缩，这时候睡回笼觉，自然会让肠胃出问题。

一日之计在于晨，早晨是大脑最为清醒、最活跃的时候，也是身体多项机能开始工作的时候，自然应该早早起床，去做一些有意义的事情，而不应该赖床、睡回笼觉。尤其对年轻人来说，更应该坚持早起，醒来后立刻起床，绝不拖延。

意大利著名的无线电工程师马可尼曾经说过：“成功的秘诀就是要养成迅速行动的好习惯！”这也是哈佛学子的人生信条——无论做什么事情，立刻、现在、马上就去做，唯有行动才能产生结果，也只有行动能留住时间，让时间产生价值。

清晨醒来后第一件要做的事情，不应该是赖床，或者睡回笼觉，而是应该“马上行动”，去学习、去工作、去努力追逐梦想。正如曾经的哈佛学子、著名的文学家爱默生所说：“一心向着自己目标前进、行动起来的人，整个世界都给他让路。”

年轻人想要改变“让我再睡五分钟”的回笼觉模式，需要坚韧持久的毅力，以及强大的行动，毕竟每个人的身体和精神都想“偷懒”。只有将“早起”变成一种习惯，才能克服身体和精神上的懒惰，将美好而高效率的清晨时光，投入到学习或工作中去。

那么，如何才能在醒来后，快速进入清醒状态呢？以下几点建议，可供参考：

1. 早晨醒来后，眨一眨眼睛，等意识清醒后，伸展一下四肢，然后下床。

2. 用冷水洗漱，能够帮助身体和大脑快速清醒起来。

3. 洗漱完毕后，享用一顿营养早餐，然后准备上学或上班，不给自己睡回笼觉的机会。

“明天再早起吧！”你给自己开绿灯，生活就会给你开红灯

哈佛大学图书馆的墙上有这样一句训言：“不要将今日之事拖延到明日。”

这便是哈佛学子所遵行的“今日事，今日毕”原则——他们绝不会将今天应该做的事情拖延到明天，因为他们知道：昨天属于过去，明天属于未来，只有今天才属于自己。

在现实生活中，很多人却无法做到“今日事，今日毕”。因为懒惰而产生拖延的事情，发生在很多年轻人的身上——早上不想起床，只想睡懒觉；起床后什么也不想做，只想把事情推给别人、推给明天。“明天再早起吧！”这是很多人睡懒觉时给自己的“承诺”。

然而，到了明天，仍旧不想早起，仍旧能够找出理由继续睡觉，如此恶性循环。

对懒惰的人来说，“明天”确实是一个拥有丰富内涵的词，它的外表如此华丽，随时可以挂在嘴边，随时可以出现在各种场合。其实，我们每天都有每天的事情要做，而将一切今天可以做的事情延后到明天的行为，都可以称为“拖延”。

只有“懒人”才知道等待明天，而无法将今天紧握在手中。

但是每一个人都存在着惰性，明明今天应该完成的事，因为惰性推

迟到明天。可是到了明天，又会下意识地推到后天，依次往后推，最终离目标越来越远。假如当时自己严格执行学习计划，一切是不是会变得不一样？追其原因，无非是人的惰性无法让自己的目标达成。

很多人害怕“今日事，今日毕”，因为“立即行动”就意味着失去当下的“自由”。这会让他们认为自己正在做的事是一种“强制性”的任务，所以他们更喜欢“今日事，明日毕”，并且为自己找来千万种理由：我真的太累了！工作任务太繁重！我不能因为工作而失去生活！反正任务不着急……这种喜欢给自己寻找理由的人随处可见，他们习惯了这样的逃避，并且依赖这种阿Q式的精神支柱。

英国作家塞缪尔·约翰逊说过：“我们一直推迟我们知道最终无法逃避的事情，这样的愚蠢行为是一个普遍的人性弱点，它或多或少都盘踞在每个人的心灵之中。”

那些总是在抱怨时间不够用，或者付出的努力都变成瞎忙的人，都不懂得时间是成功的基础，想要充分地利用好时间，就要学会立刻行动，绝不拖延。

哈佛大学图书馆的墙上还有这样一句训言：“当你觉得为时已晚的时候，恰恰是最早的时候！”对每个人来说，“立刻、现在、马上”都是最好的开始，永远不要觉得为时已晚，否则有些路你永远也走不完！

你还记得经典名著《月亮与六便士》里的男主人公查理斯吗？他在中年时有了自己的梦想，于是放弃了优越的工作和温馨的家庭，独自去远方追求自己的绘画梦想。这对很多人来说，都是不可思议的，因为人到中年，安于现状总比颠沛流离活得轻松。

还有摩西奶奶，她在76岁那年患上了关节炎，不能再做干了一辈子的刺绣活，于是她开始学习画画。从零基础到举办个人画展，她只用了4年时间，直到她101岁去世，一共留下了1 600幅画作。这样的艺术产量是难以想象的，更让人惊讶的是，摩西奶奶76岁开始学习画画，几乎没有人相信她可以学好，她却用实际行动证明了一切！

任何时刻都不会“为时已晚”，立刻、现在、马上出发，你也可以创造奇迹。

相反，如果你总是拖延，什么事情都想“明天再做”，那么终将一事无成。因为你给自己开绿灯，生活就会给你开红灯。因为明日复明日，明日何其多。正如瑞士著名的教育学家裴斯泰洛齐所说：“如果今天的事情没有做完，明天做得再好也是一种耽搁了。”

所以，年轻人应该像哈佛学子那样，“今日事，今日毕”，说了早起就早起！

打破死循环，从完成一次“创新”做起

哈佛大学第24任校长普西曾说：“如何区别一流人才和三流人才，取决于他们是否具有创造力。”哈佛大学特别重视培养学生的创新能力，不仅开设有创新思维课堂，还放弃“投食教育”模式，鼓励学生自主学习、自主创新，就连许多课外活动都是以“创新”为主题。

2019年3月1日，第22届哈佛商学院全球商业创新大赛决赛在上海哈佛中心举行。这也是最能够代表哈佛创新精神的“课外比赛”。它由哈佛商学院主办，从1997年设立以来，已经成功举办了21届，是全球已知历史最悠久的创新大赛。虽然比赛将创新的重点放在哈佛校友的创业上，但是其中所体现的创新精神，是跨领域、跨国籍的。

创新是哈佛大学最重视的品质之一。创新不仅能够改变一个人的行为习惯，还能改变一个人的思维习惯。尤其当行为或思想陷入死循环之后，创新便成了最好的“解药”。

我们知道，一个人的行为习惯一旦养成，就难以改变。比如一个人习惯了每天赖床，想让他某天早起，就是一件很难的事情。如果想让他养成早起的好习惯，更加难上加难了。因为行为习惯已经让他陷入了死循环中，想要打破这种死循环，就要从完成一次“创新”做起……

比如，你可以给自己制订一个“早起目标”。对那些很少早起的年轻人来说，能够制订一个“早起目标”，就已经算是一种“创新”了。为增加

仪式感，还可以设定一个闹钟。第二天，当闹钟响起的时候，就要马上起床，绝不能拖延！

再比如，你也可以去结交一些有早起习惯的朋友，与一些志同道合的朋友建立一个“早起群”，每天到点就在群里签到，大家相互鼓励、相互督促……

此外，你可以每天早起定时发朋友圈，在大家的“关注”下坚持早起……

这些方法很多人都没有尝试过，算是行为上的“创新”。如果能够坚持这样去做，逐步地就能养成早起的习惯了。

当然，打破死循环，不仅仅体现在行为习惯上，更体现在思维习惯上。也就是说，某些思维定式也必须被打破，这样才能迎来真正的重生。因为，思想才是行为的根源。

当一个人的思维陷入死循环之后，行为就会受制于各种条条框框——这样做不行，那样做也不行；不能前进一步，也不能退后一步。只要自己做的事情，有悖于思维定式，头脑中就会有声音跳出来说：你错了！你不行！不能这样子！

现代社会不断发展，所有的事物并不是静止不动的，而是时刻发生着变化。想要在这个充满机遇与风险的时代脱颖而出，就不能用陈旧的思想去理解和看待身边的一切，而应该学会打破自己的思维定式，运用创新发展的方法去解决问题。

创新是人类进步过程中最重要的一种思维定式。创意意味着突破常规，走寻常人不曾走过的路，因而需要极大的勇气。哈佛大学鼓励学生自我创新，不仅仅局限于学习，还包括生活中的方方面面。

很多人会陷入到常规思维的死循环中，因为在人类的普遍认知中，前人所实践过的东西定然是经历过反复检验，属于最基础的知识。但是因为发展的局限和思维的局限，认识不可能完美，总是存在着缺陷，发现问题，并找到解决问题的途径，就能产生新的思路。

创新必须在充分掌握和理解前人知识的前提下才能产生，如果没有弄清楚前人的总结，那么就不可能有创新。无论在学习中，还是在工作中，创新思维将是一种难能可贵的财富。

年轻人更应该拥有创新思维，要敢于突破，跳出原有的圈子来思考。无论你想打破行为习惯的死循环还是思维习惯的死循环，都要从完成一次“创新”开始！

及时记录："习惯固化"策略的阶段性进步

行为心理学研究表明：如果一件事情能够重复21天以上，就会形成一种习惯；如果一件事情重复90天以上，就会形成稳定的习惯，或者说是"习惯固化"。

"习惯固化"的具体过程大致可以分为三个阶段：

第一阶段：1～7天。这个阶段的你，很容易暴露出刻意、不自然的态度。记得坚持下去。努力克服内心的不适应感。

第二阶段：7～21天。从第二阶段开始，你的行为开始变得刻意但自然了。这是一个很大的进步——虽然你会刻意地去努力做一些事情，但做起来很自然了。

第三阶段：21～90天。这个阶段你会在不经意间、自然地去做这件事情，不再有"刻意为之"的感觉。因为此时你的习惯已经固化了。

在"习惯固化"的过程中，如何才能清晰明了地看到自己的阶段性进步呢？

最好的方法便是及时记录。把自己每一次进步、每一点成长、每一次成功都记录下来。

我们知道，如果经济上没有记录，人们就容易掉入消费陷阱之中，让自己遭遇经济困境。在生活中，如果没有记录，很多事情都会慢慢被遗忘，甚至变成一种虚无主义，最后人会变得越来越麻木；在学习中，如果没有记录，知识点不容易被牢记，老师讲的内容也会丢失不少；在工作中，如果没有记录，领导无法掌握工作的进度，不能给出反馈……

为什么人们每走到一个地方，看到好看的风景就会拍照呢？

为什么人们会写日记、写微博、发朋友圈、拍短视频呢？

其实都是为了做好记录。因为有了记录，才能复盘，才知道问题所在，才能找到解决问题的方法；因为有了记录，才能将“习惯固化”策略的阶段性进步全部记录起来。

除此之外，及时记录的好处主要有三点：

1. 减少时间判断失误

你在什么时间做了什么事情，你在什么时间有了一点进步，什么时间有了很大的进步；你每天几点起床，起床花了多少时间，坚持了多少天……这些问题，如果没有一个详细的记录，人的大脑是很难记住的。而且，大多数人对时间的敏感度都很低，及时记录可以减少对时间判断的失误，让人们更“准确”地看到自己的进步。

2. 更好地回顾和反馈

你坚持早起了多少天？每天早起后都做了什么事情？十天前你是怎么想的？五天前你是怎么想的……只有不断进行总结，才能正确地认知自己，并且做出相应的反馈。

你可以每周总结一次，做好记录，然后每个月再总结一次，看看成果。

总结和反馈的目的，是让你思考自己的方向或者方法是否正确、是否需要改进。

3. 有助于自我激励

哈佛大学的威廉·詹姆士教授发现，一个没有受过激励的人，仅能发挥其能力的20%～30%，而当他受到激励时，其能力可发挥80%～90%，即一个人在通过充分的激励后，所发挥的作用相当于被激励前的3～4倍。可见，自我激励对实现梦想是至关重要的，甚至可以说，人的一切行为都是受到激励后产生的。通过不断地激励，我们能发挥出自己的内在潜能，然后促使自己朝梦想努力，最终登上成功的顶峰。

征途有终点，调动积极性时才能易如反掌

定义“我是谁”，开启全新的进化之旅

哲学家说，我们穷尽一生要做好两件事情：一是处理好自己与世界的关系；二是处理好自己与自己的关系。

一个人如果无法认识自己、了解自己，又如何调动自己的积极性，去生活、去工作、去学习呢？很多人都以为很了解自己，其实对自己一无所知，甚至不知道“我是谁”。

古希腊圣地德尔斐的阿波罗神庙入口处镌刻着一句著名的箴言：“认识你自己！”

一位哲学家告诉自己的学生，无论是谁都必须明白三个问题：我是谁？我在哪里？我要做什么？虽然这三个问题很简单，却不容易回答。

在心理学上，认识自己又被称为“自我知觉”，这是一个人了解自己、了解自己与外界关系的过程。心理学之父弗洛伊德在自己的著作《自我与本我》中说道：“一个人的精神世界主要由三大部分组成，它们分别是本我、自我和超我。”简单来说，本我是指人类原始的欲望，自我是人类有意识的行为，而超我是约束人类行为的道德评判。

我们知道，一个人的行为会受到主观意志的影响，也就是自己所做的事情都是由“我”做出来的，而不是别人。所以，每个人都必须认识和了解自己，以“自己”为出发点，去制订目标，实施计划。毕竟，你的人生应该如何度过，最终的掌控权还是在你自己手中。

认识自己的第一步是给自己进行准确的角色定位——我是谁？

每个人在家庭中、在学校里、在社会中、在人际圈子里都有属于自己的特定角色，比如你是学生、班干部、职员、朋友、消费者等。有的人能够在各种角色间自由转换，有的人却无法在短时间内实现角色转换。比如有的年轻人进入学校后，还当自己是家中的“小霸王”；还有的年轻人已经步入社会了，还当自己是学生党……

在你的一生中，你必须面对和扮演各种各样的角色，比如你可能是两个孩子的爸爸、父亲的儿子、妻子的丈夫，同时又是哥哥的弟弟、妹妹的哥哥等。

面对不同的对象，你必须把自己放在不同的角色中。比如，面对长辈你可能是恭敬的，但在小辈面前，你又可能需要表现出身为长辈的威严。

假如你只知道用一种既定的态度与行动去面对不同的社会角色的话，最后只会造成角色混乱不清，而你的人生也会随之陷入一片混乱之中，让你无比纠结。而且，在不同的人生阶段，这种角色效应会一直存在，当一个阶段结束之后，你必须从自己所扮演的角色中抽离出来，再进入另一个角色。比如你读书的时候是学生，工作后就是一名“社会人”。

每一个角色都有其固定的社会衡量标准：当你能够用这些衡量标准来观察自己，同时将自己在每一时期中的具体表现进行对比时，你就会发现，自己在某一阶段的表现如何、在某一角色中的表现如何。此外，你还必须了解另外一个事实，就是你会一直处于变化之中。

人的一生在不断变化，所以你必须不断地认清自己，不断给自己新的定位。

为什么有的人很难认清自己呢？主要原因就是他们对别人给予的正面评价通常采取接纳的态度，而对别人给予的负面评价——包括意见、建议等，通常采取拒绝的态度。这样一来，便只是看到自己的优点，而看不到自己的弱点，对于自己也没有客观的认识。

还有一类人恰恰相反，他们只看到自己的缺点，在自卑中无法自拔。

正因为如此，我们才要学会遵从自己的内心，客观公正地认识自己，找到出路。

2016年在哈佛大学的毕业典礼上，大导演史蒂文·斯皮尔伯格发表了自己的演讲，他说：“无论做什么选择，都要听从内心、追随直觉，没有什么比这更能定义每个人的角色。”他认为，不论你的父母或社会压力怎么安排你的未来，只有做自己真正在意的事情才有意义。

在演讲中，斯皮尔伯格围绕着“遵从内心”提出了几个令人深省的问题：

1. 你清楚自己要什么吗？

2. 想一想：你为什么要上大学？

3. 你是否找到了自己的定位？

4. 你是否倾听你内心的声音，定义你的角色？

5. 你有逃避现实和痛苦吗？

6. 你是否珍惜家人和伙伴？

这些问题确实“直击内心”，值得每一位年轻人思考。

当你真正知道“我是谁”的时候，便能走在自己的路上，做自己想做的事情，完成自己想完成的目标，实现属于自己的梦想。这时候的你，将开启全新的进化之旅——所有的一切努力都是为你自己，而不是别人！

一封让自己怦然心动的预言信

如果你是一位预言家，并且能够预知自己的未来，你会为自己写一封怎样的预言信呢？

假设未来的你一定会成功，那么在预言信中，你一定会用最轻松、最乐观的笔触告诉自己："未来的你，一定会成功哦！"但是你又想了想：如果现在的自己知道了未来一定会成功，是否会放弃努力，只想"躺平"呢？所以，你在预言信中加了一句："但前提是，你要努力！"

其实，哪怕你不是预言家，你仍旧可以"预知"未来，而且，这是每个人都具有的能力，那就是极度乐观的精神，或者说是积极的心理暗示：你想成为怎样的人，就能成为怎样的人。

心理学上有一个著名的"皮格马利翁效应"：

在古希腊的美丽传说中，有一位叫作皮格马利翁的雕刻家，他用象牙雕刻出一位清新典雅的美女，并且深深地爱上了她。皮格马利翁每天对着雕刻的美女发呆，并且乞求天神能够将她变成活生生的人。他对雕刻的美女的爱最终感动了爱神阿劳芙罗狄特，爱神将雕刻的美女变成了真人，让她和皮格马利翁幸福地生活在一起了。

"皮格马利翁效应"告诉我们一个简单的道理，那就是"期待什么就会得到什么"，这也是心理"高度"所创造的奇迹。只要一个人能够充满自信地期待着，那么真正相信的事情就会顺利进行；相反如果你认为自己期待的事情总会受到阻碍，那么这些阻力就真的会产生。这个理论是由哈佛大学的心理学家罗森塔尔提出的，他说："皮格马利翁效应还被称为期望效应，它也是常识教育的基础理论，只是它的价值没有得到足够认可罢了。"

有一句话叫作"自己才是生命的主宰"。这个世界上没有人约束你成功，很多时候都是你自己画地为牢。换句话说，你自己的人生是怎样的情形，很多时候可以通过自我暗示来实现。如果你希望得到更多的快乐和幸福，如果你希望自己能够逆转败局，那么就多给自己一些积极的自我暗示，让自己成为真正的"预言家"。

美国著名心理学家威廉·詹姆斯写过一本名叫《暗示心理学》的书，其中有大量篇幅来告诉我们心理暗示的作用究竟有多大。你知道什么是心理暗示吗？一位幽默学者这样说道："人就是一种奇怪的动物，总是喜欢自言自语，这样的'谈话'结果甚至会影响到自己日后的行为习惯，甚至成为自我人格的一部分，这便是自我暗示。"

一个人对自己的评价也是自我暗示的一部分。自我暗示又有积极和消极的区别，积极的自我暗示就是对自我的肯定，是看到自己身上的闪光点；而消极的自我暗示，会让人对外界事物的认知形成某种心理定势，容易偏听误信、自我设限。

有的人相信命运，认为成功都是"命中注定"的，于是渐渐放弃了努力。可是，人的命运不是应该由自己来主宰吗？没有人"注定"失败，或者"注定"成功，可是潜意识会把人的负面思考转化为实质的对应事物，正如潜意识会遵循并且奉行正面或建设性的思考动力一样。这也是很多人被"命运"影响的真正原因。

自信心的重要性要大于"命运"的安排，正如高尔基所说："一个满怀自信的人，无论生活在什么地方，都能清楚地认识自己的意志和能力！"

如果你的心理正被多疑影响着，内心想法也是悲观消极的，那么请你想一想以色列总理戈尔迪·梅厄森说过的一句话："相信你自己。你创造的自己能够使你一生与快乐相伴，并煽动可能存在于内在的微弱的小火花迸发成成就的火焰来充分发挥你自己的潜力。”

哈佛大学校长劳伦斯·S.巴考在一次毕业典礼上说：“我是一个乐观主义者，这是因为我在你们中间生活和工作，因为我看到你们所做的事情，因为我知道你们有无限潜力。愿我们在未来几年互相启迪灵感，愿我们有实现期望的能力。”

这样的乐观精神也是哈佛大学想要传达给学生、想要传达给世界的思想！

“想做的事”与“能做的事”之间隔着什么

年轻人有梦想是好事，但守着梦想无所作为，就不见得是好事了。

当一群人谈论自己的梦想时，总会有人站出来，向全世界宣告：我一定会实现自己的梦想，一定要努力赚钱，以后去环游世界，开一家咖啡厅，建一座美丽的花园……

可时间一年年过去了，梦想仍旧只是梦想，而怀抱梦想的人一点进步也没有。

这时候是不是应该反思一下呢？你“想做的事”与你“能做的事”之间还隔着什么？

“想做的事”是你的目标、追求和梦想。无论“想做的事”是什么，都代表了你未来的方向，都是你一步一步想要到达的地方。“想做的事”可以有很多，也可以天马行空地想象，因为它们只是你“想做的事”——哪怕它们无法实现，但你要敢想。

“能做的事”则是你能力范围之内，可以真正做到的事情。每个人的能力都不一样，同时每个人的能力又可以不断提高。今天你能赚到两百块钱，这是你今天的能力；明天你可以赚到五百块钱，这是你明天的能力……那么后天呢？大后天呢？很久以后的未来呢？

如果一个人“想做的事”太大，而“能做的事”太小，可能会被别人说成眼高手低，或者好高骛远，但也可能会被别人说成志向远大。

无论“想做的事”有多大，它和“能做的事”之间都隔着一种叫“进步”的东西。

只有不断提高自己的能力，不断努力进取，才能将“想做的事”变成“能做的事”。

我们知道，在自然界中，人类与其他动物相比，似乎并没有什么优势可言。人类没有大象那样庞大的身躯，不能像猎豹一样快速奔跑，不能像飞鸟一样翱翔于天际，也不能像鱼儿一样畅游大海……那么，人类又是如何成为地球的统治者的呢？

这是因为人类拥有智慧，而智慧可以让人类不断超越自我，在超越中不断进步，变得越来越强大。人的潜能也是在一次次超越自我的过程中，被激发出来的。所谓的成功也不是多么深奥的大学问，仅仅是不断超越上一次的表现，让明天比今天更好而已！

2018年10月5日，哈佛新任校长劳伦斯·S.巴考走上哈佛校园的演讲台，发表了自己的就职演讲，而演讲的主题为“就此启航，追求卓越”。

劳伦斯·S.巴考说：“哈佛就是卓越的代名词。我们所追求的卓越只有通过不懈追求才能实现。学术成就好似冲入黑暗的甬道，我们不断接受失望，并再次出发。这无疑是混乱和费力的。我们喜欢庆祝‘尤里卡’的时刻（即灵感突现的时刻），而这些瞬间诞生于长年累月的早出晚归之后。”

劳伦斯·S.巴考校长所提出的教育理念，不仅得到了广泛认同与遵行，还引领了高等教育发展的潮流。“追求卓越，不断进步”也成为当今教育界最为推崇的理念！

无论你的梦想有多么远大，想要实现它都不是一朝一夕的事情，而需要长时间地坚持与不断超越自我的决心。正如劳伦斯·S.巴考校长所说：“我们所追求的卓越只有通过不懈追求才能实现。”

同样地，只有“追求卓越，不断进步”，才能让“想做的事”变成“能做的事”！

让所有目标都遵从SMART管理原则

如果一个人没有自己的目标，人生会变成什么样呢？

没有目标的人，像广袤沙漠里的独步者，不知道绿洲在哪里；

没有目标的人，就像茫茫大海中的一叶小舟，随着海浪无目的地漂流。

无论一个人身在何处、能力是高是低、过去如何辉煌，现在都必须有一个目标。有了目标，才清楚接下来的路应该怎么走，接下来的事情应该怎么做，行为才是导向。

对学生来说，拥有清晰的学习目标，能力才能获得真正的提升。因为目标就是学习的方向，就是不断进步的原动力；对工作中的人来说，目标就是催促自己每天早起的“闹钟”；对迷茫的人来说，目标就是人生的航向，只有找准方向，才能持久地走下去。

目标会让你获得强大的精神力量，它会让你更加清楚自己想要什么。正如哈佛大学理查德·波斯丁教授所说，“人生需要树立积极的目标，它将会产生巨大的激励作用。”然而，目标所产生的作用不仅仅如此，它帮助无数成功人士获得成功，在生命中创造出无限的可能。

什么是目标呢？目标就是对活动预期结果的主观设想，是在头脑中形成的一种主观意识形态，也是活动的预期目的，为活动指明方向。通常人们会将目标分为三类：

1. 长期目标：人要有长远的目标、长远的追求，更要有伟大的梦想；

2. 中期目标：起到转折的作用，或者说跳板的作用，为了实现梦想而必须达到的目标；

3. 短期目标：近期要完成的任务，比如在未来几周或是几天内所要实现的目标。

三种目标所起的作用各不相同，所以在制订目标时一定要清楚自己的真实情况，如果想要在短期内达成长期的目标，那定然是不现实的。任何一个长期目标的实现必然是无数个中期目标堆积起来的，而每一个中期目标的实现又是无数个短期目标积累起来的，只有实现了无数个短期目标，才会实现长远的目标。

只要每天进步一点点，久而久之，就会有巨大的进步。

无论你的目标有多么长远，都不可能一步到位，你必须给自己制订无数的中期目标以及短期目标，并且从短期目标入手，然后脚踏实地，一个一个去实现它们。只有这样，你才能够一步一步、一点一点地接近最终的长远目标。

而且，无论是长期目标、中期目标、短期目标，都必须符合SMART原则。

SMART原则又称目标管理原则，它是一种能够帮助管理者对员工进行绩效考核的方法，同时也是一种能够帮助员工更加明确高效地工作的方法。它不仅给管理者提供了一个明确的考核标准，也给员工提供了一个明确目标的标准。那么，SMART原则包括哪些内容呢？

S代表具体（Specific）：目标的内容要具体

目标的制订不能抽象，它必须有明确的细节。例如我要养成每天读书的好习惯，这个目标就是抽象的，不具体。我每天早上六点半起来阅读一个小时，这样设定目标就具体了。

M代表可度量（Measurable）：目标是可以进行衡量的

目标究竟有没有实现，可以从完成的时间、数量、质量等几个方面进行衡量，能快速检测目标的完成效果。比如阅读，每天早上读一章内容，然后整理成笔记。

A代表可实现（Attainable）：目标应该是可以达到的

目标不能太简单，也不能太难，太简单没有挑战性，实施起来没有任何意义。太难完成目标，积极性会受打击，难以坚持下去。所以目标应该是可以完成的，最好有具体的执行计划，然后立即行动起来。

R代表相关性（Relevant）：目标应该与志向相关

你的兴趣在哪里，有怎样的志向，会帮助你建立正确的目标、拥有正确的方向。如果目标与志向无关，那么目标会带你走向另外一个领域，那样你的未来就是失败的。

T代表有时限（Time-bound）：目标应该有截止日期

完成目标时所需要的时间会形成一种紧张感，更有促进目标达成的作用。长期目标的实现和短期目标的实现所需要的时间是不同的，短期目标是需要马上实现的，而长期目标则是人生格局的改变，需要更多的时间和精力来实现。

总之，只有让所有目标都符合SMART原则，才能不偏不倚、稳步前行。

同时也要明白，任何一种成功都是点滴累积的结果，目标达成也是如此。无论多么宏大长远的目标，都是眼前一个又一个小目标累积而成的，所以应该从小目标开始，然后将小目标不断地汇集成大目标。只有短期目标不断地实现，才会有长期目标的达成。

剥洋葱法和多杈树法可以帮你细化目标

如果你的目标过于远大，会让你感到迷茫、不知如何下手……这时要学会细化目标，以大化小、将难化易，从“小”入手，这样便知道如何采取行动了。

自然界中有一种十分常见的现象，那就是“蚂蚁搬家”。在“搬家”过程中，小蚂蚁们遇到了一个巨大的难题——自己身形微小，而“家当”又十分巨大，要如何解决这个问题呢？如果我们仔细观察，就会看到一只只小蚂蚁聚集在一起，将家里的东西一点点搬走。这是一个将所有“家当”细化的过程，在心理学上称为“分解思维”。

什么是分解思维呢？简单来说，分解思维就是一种“化大为小”“化整为零”的思维方法，它需要将大的目标细化为小的目标，然后逐一攻破。

从表面上看，分解思维对整体性进行了牺牲，事实上却保全了实质。

很多年以前，印度的某些猎人在森林中游荡，希望可以捕获几只野生的猴子。

显然，这是一件很难完成的事情，因为猴子太聪明了，总能够将猎人的陷阱识破。为此，猎人专门针对猴子的特点与习惯想出一个绝妙的办法。

他们找来一口大箱子，箱子上面有一个洞，这个洞正好可以容得下猴子的一只手。然后，他们又将一些又大又香的苹果放进箱子里——苹果的大小一定要超过箱子上的那个洞。

做好这一切之后，猎人将箱子放进森林里，只管守株待“猴”了。

猴子的嗅觉十分灵敏，当它们闻到苹果的香味时，会立刻跳下树枝，小心翼翼地取食。它们没办法打开箱子，便试探着将手伸进洞里去摸。由于拿到手的苹果“巨大”，所以猴子的手就会被卡住。贪心的猴子不愿意撒手扔掉苹果，就只能被卡在箱子上，最后被猎人抓了。

其他猴子看着这一幕，心里似乎在盘算着对策。

第二天，猎人又设置了同样的陷阱，贪吃的猴子也“如约而至”。

不过，猴子明显学聪明了，它们吸取了之前同伴被抓的教训，悄悄地靠近箱子，将手伸进洞里，然后用锋利的指尖将苹果抠成碎块，然后一块一块地从箱子里取出苹果，一边取一边吃……

当猎人迅速冲过来时，猴子仍然能够及时逃跑。

这些聪明的猴子能够吃到苹果而不被猎人抓住，也是运用了分解思维。

有的目标过于“巨大”，以致我们迷茫彷徨、无从下手，这时候就要学会运用分解思维，将“巨大”的目标细化，让它变成若干个小的目标，一切就变得容易了。

哈佛教授也时常提醒学生们，做事情要脚踏实地，不要总盯着长远目标，而不知道将目标细化。在细化目标的过程中，有两种方法最为简单实用，一是剥洋葱法，二是多杈树法。

1. 剥洋葱法

剥洋葱法也就是像在厨房里剥洋葱一样，将大的目标细化为无数个小的目标，然后再将无数个小的目标细化为更小的目标，一直细化下去……直到你现在应该去做的事情。

举一个简单的例子：如果你设定的大目标是“写完一本书”。对没有写作经验的人来说，这个目标无疑太大，如果不知如何下手，那么就可以利用剥洋葱法逐步细化目标——你想出哪方面的书？需要找哪些资料？根据资料写一个怎样的大纲？根据大纲完善具体目录，然后根据目录开始撰写一个小节，再根据小节标题查找相关资料……

如此一点点细化目标，就像剥洋葱一样，看似很复杂的问题，也能轻松解决了。

2. 多杈树法

顾名思义，多杈树法就是构建一棵拥有多个树杈的大树，其中树的主干代表最大的目标，每一根小树杈代表小目标，小树杈上的叶子代表现在应该去做的事情。具体操作方法如下：

1. 先画出树的主干，在主干上写出一个大目标。

2. 然后思考，实现这个大目标的条件是什么。

3. 将这些条件转化为次级目标，把每个次级目标填到一个树杈中。

4. 再思考，实现每个次级目标的条件是什么。

5. 将这些条件转化为最小的目标，分别填到一片“树叶”中。

经过这样一个过程，从主干上的大目标到每一片树叶上的小目标，应该做什么、应该怎么做，都一目了然了。

很多年轻人都拥有远大的目标，但远大的目标是否能够实现，不仅仅取决于一个人的努力程度，更重要的是看这个人是否知道如何细化大目标，是否能够列出详细的、可执行的具体方案。

伟大的罗马帝国不是一朝一夕建成的！面对长远的目标，要有耐心，要从细小处着手，一步步做下去，一点点做起来，等细化的目标都完成之后，你会愕然发现，前方的道路竟然如此清晰，远大的目标也在眼前了……

持续获得成功的关键——能够被立刻实现的微目标

在哈佛的文化理念中，人生起伏而漫长，谁也不可能一步跨向成功！

追求成功的过程，就像在建造一座人生金字塔——塔顶是你的终极目标，塔身是一些中期目标，塔底是短期目标。而当你一步步走向人生金字塔时，你的脚下还有一些微目标。

微目标是指那些能够立刻实现、立刻完成的事情，它比小目标更加容易实现，比如一些简单的学习计划、一些小的工作任务等。

微目标，只要你行动，就可以轻而易举地完成，不需要过度消耗你的思考力和意志力。

《礼记》中说："修身、齐家、治国、平天下。"目标也是从微到小、从小到大，顺序鲜明，不可颠倒的。为什么能够立刻实现的微目标，是持续获得成功的关键呢？

首先，微目标可以立刻实现，给人带来动力。

无论我们做什么事情，都需要一定的动力，都要说服自己的大脑"行动起来"。

不过，大脑的自我防御机制会自动排除、拒绝一些难以完成、需要耗费大量时间和精力的事情。因此想让大脑"行动起来"，就必须让大脑知道"这件事情可操作、很容易做到"。

宏大的目标因为太过模糊，没有具体的行动计划，只会让人望而却步，虽然有时想要制订计划，但由于目标太过于宏大，也会产生一种不知从哪里开始入手的迷茫感和无力感。一旦有了这样的感觉，拖延也就随之而来了。

微目标却是微小的、可以马上实现的，哪怕有一点难度，也是可以克服的，是自己能力可掌控的，是能够按照自己制订的目标实现的。这样一来，大脑自然会“积极”起来，动力也由此而来了。

其次，微目标实现之后，可以得到快速“反馈”。

在追求目标的过程中，失败在所难免。很多时候，你明明胸有成竹、信心满满，最后却功亏一篑了。于是，你开始怀疑自己的能力，并且饱受失败之苦，甚至一蹶不振。

微目标的好处就是，哪怕你失败了，也可以得到快速“反馈”。这种“反馈”可以帮助你快速寻求解决方案，及时止损，对于能力的提升也至关重要。

美国佛罗里达州立大学心理学教授安德斯·埃里克森说：“最能让人成长的好目标，是‘有明确标准、短期内就能知道成败的目标’。”从本质上来说，这也是一种微目标。

由于目标小，成败的反馈都来得很快，甚至能够做到“一个行动一个反馈”。那些顶级运动员在训练时，教练都会针对他们身上出现的问题，立即给出“做得好”或“须改正”的反馈。我们在追求目标的过程中也应该如此——通过微目标得到快速“反馈”，通过“反馈”不断修正自己、不断提升自己。

这样才不至于埋头赶路，而走错了人生方向，偏离了人生目标。

最后，每实现一个微目标，都会带来一点成就感。

一个能够被立刻实现的微目标，很容易给人带来成就感，而成就感是持续获得成功的关键。从心理学的角度来说，成就感是一种积极的情绪体验，是年轻人实现自我价值并且获得认可的一种“奖励”。黑格尔在他的《美学》一书的序论中举了一个耐人寻味的例子：

“有一个小男孩将一块石头扔进了河水，当他以惊奇的目光去观看河水中荡出的圆圈时，他觉得那是一个作品。在这个作品中，他看出了他活动的结果。”

黑格尔所说的“他看出了他活动的结果”，其实就是一种成就感。换句话说，成就感就是年轻人在实现了微目标之后所产生的满足感。正如孩子成功完成了任务，获得了鼓励或表扬一样，他们会不断加强这种感受，从而获得继续努力的动力。

哈佛大学的卡伦·林赛教授曾说：“当我们估量要做什么时，我们只能许诺能做到的事，但在制订目标时，要有高远的理想。”的确，每个人都应该有长远的目标、伟大的梦想，但要实现它们，要脚踏实地，从微目标做起，稳扎稳打，一步步建造人生的金字塔！

PDCA循环工作法：行动力的自我拯救方案

哈佛商学院特邀讲师吉姆·兰德尔说："行动力，是拉开人与人之间差距的关键所在。"

吉姆·兰德尔不仅是哈佛的特邀讲师，还是美国前总统克林顿夫妇的私人顾问，同时也是微软、英特尔等全球500强企业特聘高效行动培训师以及上海交通大学合作讲师……

这些"头衔"落在吉姆·兰德尔一个人身上，足以让他的名字闪闪发光。

有人问吉姆·兰德尔成功的秘诀是什么，他的回答只有三个字：行动力！

吉姆·兰德尔曾经耗费一年的时间，亲自打造了一门能让普通人高效提升行动力的课程——极简行动力训练课。课程一经推出，迅速受到年轻人的追捧，自然也受到了哈佛学子的追捧。在这门课程中，吉姆·兰德尔归纳总结了众多美国名人、运动员都在用的行动方法论，帮助无数年轻人摆脱了"懒癌"、拖延症、学习和工作效率低下的困扰。

如今，行动力早已变成全世界成功人士都在践行的生活理念。

哈佛大学同样很重视培养学生的行动力，但并不是让学生听风就是雨，没有经过思考就快速反应，盲目地行动起来。真正高效、有价值的行动力，不仅要有快速的反应能力，还应该做到有计划、有执行、有结果、有回应。换句话来说，就是"带着脑子做事"——除了行动之前思考到位，还应该有一套做事的逻辑。

那些行动力超强的人，他们都有一套属于自己的“行动方案”，而备受年轻人推崇的肯定是PDCA循环工作法。

PDCA循环工作法还有一个名字叫“戴明环”，它最初是由美国质量管理专家休哈特博士提出来的，后来被世界质量管理的先驱者爱德华兹·戴明采纳，并且大力宣传，才得到普及。PDCA循环工作法中的四个字母分别对应了计划、执行、检查和改进。

1. P（Plan）计划

可以根据手中的任务提出问题，根据提出的问题分析原因，根据原因找到主要原因，再根据主要原因制订解决计划，最后根据计划列出具体的实施步骤。

2. D（Do）执行

执行具体的实施步骤，其中必须包含who（谁）、what（是什么）、when（时间）的关键项。

3. C（Check）检查

检查执行进度以及执行结果。结果只有两种——完成或者放弃（没做）；但一定要明确哪里做错了、哪里做对了。

4. A（Action）改进

指的是解决出现的问题——如果是成功的经验，则将其作为标准；如果失败了，则总结教训，并引起重视。对于那些没有解决或者新出现的问题，转入下一个PDCA中。

以上四个步骤并不是运行一次就结束了，而是不断重复进行，一个循环做完了，解决了一些问题，没有解决和新出现的问题又进入下一个循环中，如此呈阶梯式上升。

总之，要做到“凡事有交代、件件有着落、事事有回音”。

在工作中，通过PDCA循环法可以及时将工作结果汇报给领导，方便领导及时反馈，并且快速做出判断。如果存在某些问题，也能够及早发现问题，制订出解决方案。

当然，PDCA循环工作法也可以用来提高个人的行动力。通过PDCA循环工作法，能够一目了然地看到自己执行任务的具体情况。无论成功，还是失败，都能够及时做出反应。

《哈佛商业评论》专栏作家吉恩·海登在《执行力是训练出来的》一书中写道：“执行力是为了实现个人理想和个人目标时，你与自己达成的一种内心约定。这种约定是一种坚定不移的自我承诺，为了实现它，你愿意付出任何代价。”

当我们缺乏行动力的时候，要学会利用PDCA循环工作法进行“自救”。

试想一下：如果苹果砸在牛顿头上的时候，他没有进行深度思考，又如何发现万有引力呢？如果爱迪生没有进行千百次的实验，如何能够成为最伟大的发明家？如果马云没有苦心钻研电子商务，没有一次次失败的经历，又如何成就如今的阿里巴巴？

真正的行动力，有计划、有执行、有检查、有改进，思考、行动、坚持、改进，无畏无惧。

复盘思考：无意义的失败与有意义的失败

围棋对弈中经常会听到“复盘”两个字。那么，“复盘”到底是什么意思呢？

复盘是指对弈者下完一盘棋后，重新在棋盘上将整个对弈过程“重现”，检点对弈过程中双方的失误以及精妙之处。简单来说，就是回顾棋局，从反思中学习。

《有效管理的5大兵法》的作者孙陶然先生说：“学习有三种方式，第一种是向前人学，学习前人总结的理论和经验教训；第二种是向先进学，学习他们之所以成功的原因；第三种，也是最重要的学习方式，就是通过复盘向自己学——大事大复盘，小事小复盘，随时随地做复盘。”这里所说的“复盘”也是不断反思、不断总结经验、不断进步的意思。

复盘思考不仅有利于个人发展，也有利于企业发展。比如20世纪90年代末期，联想创始人柳传志先生在《曾国藩》一书中学到了一种复盘思考的方法——曾国藩有一个很好的习惯，就是每次做完一件大事，都会点炷香，然后将这件事的整个过程细细地回想一遍。

柳传志先生受此启发，不仅自己时常进行复盘思考，还要求联想内部的管理者要时常进行复盘思考。这种做法一直沿用至今，给联想集团带来了许多增益。

复盘思考最大的作用，就是帮助人们“回顾”失败的过程，从失败的经历中总结经验，找到避免失败的方法，让“无意义的失败”变成“有意义的失败”。无论做什么事情，有成功，就会有失败。不过，人们又会赋予失败不同的意义。

“无意义的失败”是指经历失败后，没有反思、没有总结经验、没有寻求更好的解决方法，而只是一味沉溺在失败的痛苦中，甚至被失败定格，变得一蹶不振。

“有意义的失败”是指失败后，懂得复盘思考，能够找到失败的原因，能够从失败中学到教训和经验，能够避免同样的失败，或者能够想出更好的解决方法……虽然这一次失败了，但仍旧是有“收获”的，而且通过复盘思考，自己能够得到提升与进步。

有一年哈佛大学的毕业典礼上，《哈利·波特》的作者罗琳前来演讲。

罗琳对所有的哈佛学子说：“你们都还很年轻，还没有真正地踏入社会，也没经历过什么失败，甚至你们眼中的失败，在普通人看来已经算是成功了。但我想告诉你们的是，失败会有一些意想不到的好处，只要你能够在失败中站起来，就还有反攻的机会。”

罗琳告诉哈佛学子，她的父母从来没有上过学，家庭也很贫困，年轻的时候她只想找一份稳定的工作，能够慢慢还掉房子的贷款，将来老了能够领到退休金就行了。但是她在上大学的时候，完全没有了学习的动力，每天喜欢做的事情就是趴在学校的图书馆里写故事。

大学毕业后的七年里，罗琳经历了一次又一次的失败。她不仅结束了自己短暂的婚姻，还失业在家，变成了一个穷困潦倒的女人。不过，这些失败并没有将她打倒。

在失败中，罗琳站了起来，又重新做回了自己，开始将自己的所有精力，都用在小说创作中。如果之前她做什么事情都成功了，那么她恐怕永远无法安心地进行写作了。

罗琳告诉台下的哈佛学生：“你们肯定没有经历过我之前那样的失败，如果你们不幸失败了，请记得像我一样重新站起来，只要信念还是坚韧的，就有机会将失败变为成功。”

罗琳的演讲感动了无数哈佛学子，也让他们对“失败”产生了全新的认知——失败对有的人来说，是一种劫难；对有的人来说，却是一笔财富。

世界上有哪一位成功者，没有过失败的经历呢？只不过，有的人在失败中一次次站起来，越挫越勇；有的人却被失败打击，变得越来越意志消沉。

世界富豪洛克菲勒和他的生意伙伴在创业之初，也遇到了一次巨大的失败。

当时他们一起经营大豆生意，并且与黄豆供应商签订了一份合同，买回一大批黄豆，准备赚上一大笔钱。

可是让他们措手不及的是，黄豆刚到他们手里没多久，就因为霜冻而损毁了一大半，而且还有一些不讲信用的供货商在黄豆里掺杂了沙土和豆秸等。那次生意就那样失败了。

不过，洛克菲勒并没有因为这次失败而感到灰心绝望，也没有被失败打倒而始终沉溺在痛苦之中。他再次向自己的父亲借钱，然后吸取了上一次失败的教训，最终在引进外地农产品的生意中收益颇丰。

洛克菲勒并没有受到“黄豆事件”的影响，而是通过不怕失败的精神，获得了事业上的成功。之后，他的事业也越做越大，偶尔也会经历失败，不过这些失败都不会影响他不断进步。

在一次记者会上，洛克菲勒十分认真地说道：“对于一个要去创业的青少年来说，他往往缺少运营的资本。在这样的情况下，如果他再恐惧失败，那么就会像蜗牛般缓慢行进，甚至半途而废，而永无出人头地之时。”

失败并不是一件可怕的事情，真正可怕的是失败过后便一蹶不振，一直沉溺在失败的阴影中无法自拔。一个人跌倒了可以再爬起来继续走下去，就算失败，也并不代表自己比别人差，更不意味着自己的人生已经无可救药了。

相反，通过复盘思考，失败也可以变成一种财富。

第七章

时间管理，
助力个体崛起时代的快速增值

定义“我的时间”，从源头上减少行为阻力

很多年轻人没有时间观念、不懂得时间管理，可能与从小接受的教育有关。很少有学校会将“时间管理”作为专门的课程讲给学生听，这是导致了年轻人时间观念薄弱的一个重要原因。

当你走进哈佛大学，就会发现每位哈佛学子都对“时间管理”有着深刻的认识。因为在他们进入哈佛的第一学年，就会在老师的引导下设计一张“忙碌的时间表”，以此来锻炼他们的时间管理能力和抗压能力。

在哈佛大学学习了几年之后，学生的“时间管理”能力会变得更强，每天好像有48小时一样：不仅每周要上70～80小时的课，还有时间研读案例、参加各种讨论小组以及各种社交活动。为什么哈佛学子在“时间管理”上可以做得如此出众呢？

首先是学风问题。哈佛大学很重视培养学生的“时间管理”能力，因此从入学到毕业，他们都不会有半点松懈；其次是哈佛大学设有专门的“时间管理”课程。有专业的教授讲解“时间管理”的重要性以及“时间管理”的各种方法；最后就是人文环境的影响。如果你对哈佛出身的名人有所了解，一定会发现他们在对待时间的态度上有着惊人的相似之处，除了格外珍惜时间，他们更懂得进行时间管理。除了名人，哪怕是最普通的哈佛学子，也有同样的时间观念。

在哈佛的“时间管理”课程上，教授通常会提出以下两个问题：

问题一：什么是时间？

从古至今，人类一直在寻找这个问题的答案。

在古希腊，时间的定义问题让哲学家和数学家绞尽了脑汁，却始终没有得到固定的答案。在伽利略的伟大发现之后，英国物理学家牛顿站出来说："时间是一个被神秘气息所覆盖着的客体，因为时间独立于任何物体，在一切之上，是绝对的。"

现代物理学将时间定义为人类用以描述物质运动过程或事件发生过程的一个参数，是物质的运动、变化的持续性、顺序性的表现。虽然我们可以在日常生活中度量时间，甚至可以把"时间"戴在手腕上或者挂在墙壁上，但是对抽象的时间概念仍旧很模糊。

英国作家珍妮特•温特森在《时间之间》中写道："时间的意义就在于时间有尽头——如果时间无穷尽，那时间就不是时间了，不是吗？"在不断向前的时间长河里，每个人一生所拥有的时间都是有限的，区别在于有的人虚度了光阴、浪费了时间；有的人却懂得珍惜时间，在有限的时间里做更多的有意义的事情，让每一分、每一秒的时间都更有价值。

为什么有的人总是时间充裕，而有的人总是感觉时间不够用呢？因为人们的时间观念不同，时间管理的能力也不一样。只有管理好自己的时间，才是真正地拥有时间。

问题二：什么是"我的时间"？

时间对每个人来说都是一样的，但每个人对时间的管理与运用不一样。

所谓"我的时间"，则是指"我能够有效管理和利用的时间"。如果时间毫无意义地流逝，在"我"身上没有产生任何价值，那这些时间还算得上"我的时间"吗？

诺贝尔文学奖获得者川端康成说过："荒废时间就等于荒废生命。"鲁迅也曾说过："浪费自己的时间等于慢性自杀，浪费别人的时间等于谋财害命。"

然而，现实中人们对时间的管理情况很不乐观。很多人往往一边在感叹人生苦短，一边又在浪费自己的生命——美好的童年转瞬即逝，青春岁月说没就没，还没有接受自己已经步入中年的事实，白发又悄悄地生长了出来。或许只有到临死前的那一刻，才能真正认识到时间的意义。为了不荒废时间、不浪费生命，每个人都应该成为时间的主人。只有学会时间管理、合理地安排好时间、高效地利用时间，才能成为时间的主人，拥有更多“我的时间”。

只有这样，才不会随意浪费时间，才能从源头上减少行为阻力。因为人人都知道“一寸光阴一寸金，寸金难买寸光阴”的道理。有谁愿意浪费自己的时间呢？

思维导图：对日程进行宏观把握

同一所学校、同一个班级、同一位老师授课，学生成绩也有高低之分。

有的学生思维缜密，懂得举一反三，在学习过程中善于归纳和总结，成绩自然不错；有的学生思维僵化，同一道题反复出错，哪怕认真听讲了，最后学到的东西也不多。

如果排除智力因素，这两种学生的不同之处，可能仅仅在于学习方法和思维方式的不同。

有一种学习方法，或者说思维工具，备受哈佛教授与哈佛学子的推荐。它可以将枯燥的信息转化为容易理解的图画，帮助学生快速理清各种逻辑关系；它可以帮助学生构建知识框架，提升学生的思维能力以及学习效率；它还可以帮助学生做好时间管理，对日程进行宏观把握……可能很多人已经猜到了，它就是“思维导图”。

思维导图的创始人名叫东尼·博赞，由于他创建了思维导图而被遴选为国际心理学家委员会的会员，同时他成为英国头脑基金会的总裁，并且创办了“世界记忆冠军协会”，专门为那些有学习障碍的人服务。

自从思维导图诞生之后，在商业、教育以及个人学习等领域都有着十分广泛的运用。它能够将我们思维发散的过程形象地表达出来。

我们知道，大脑最自然的思考方式就是放射性思考，那些进入大脑的信息，包括文字、数字、味道、色彩、音乐、感觉、意象等，都可以作为思考的中心点，由此中心点向外发散出成千上万的关节点，而每一个关节点又可以变成另一个中心点，再向外无限发散……

这些点就像我们大脑中的神经元一样相互连接，形成一个“有迹可寻”的紧密关系网络。

思维导图的作用就是通过图文并茂的方式，从思考的中心点开始记录，将大脑发散的过程以图像和文字的方式记录下来，并且把各个中心点及关节点的隶属关系清晰地表现出来，从而帮助我们建立记忆链接。思维导图能够让左右脑的机能得到充分运用，帮助我们找到逻辑与想象、科学与艺术之间的平衡点，并且激发大脑的无限潜能！

由于思维导图侧重“自由联想”和“图像记忆”，而不是“结构性思考”和“理解性记忆”，所以它更有助于抽象思维能力较差的学生更好地学习——通过“图像记忆”能够让这类学生更好地记住知识点，却不能让学生对知识产生较深的理解，算是一种浅层学习法。

而且，“自由联想”对思维没有太多限制，适合用在“头脑风暴”式的创意活动中，就个人而言，思维导图的运用范围还是十分广泛的。

那么，我们应该如何运用思维导图做好时间管理呢？

用思维导图来做时间管理，简言之就是四步：收集、整理、执行、总结。有序合理地利用思维导图的方式做时间管理，那样我们的任务就会更有序地完成，可以避免我们不知道从哪里开头或者毫无计划地行事。

1. 收集

在时间管理之前首先要弄明白我们有哪些工作待办，这样才能合理安排时间。如果采用和平时的列表清单一样的方法，容易让我们忽略某些事，就会出现做着做着察觉另一件事还没来得及做的情况。

但如果是利用思维导图，用它来收集我们的待办工作，需要去完成的任务就会一目了然。首先，我们先进行一个板块式的分类，例如工作、学习、娱乐、联谊等，分类视情况而定。接下来，就是将各个板块会涉及的事列举出来。

这样做的话，有利于我们在列任务时能够想到更多，一个板块一个板块地归纳，有利于我们列举任务的完整。

2. 归纳

归纳这一步又可以分成两步：

第一步，给每一个任务规定一个时间，确定要在什么时候完成它。有时候事情可能会有一些变故，这时也需要我们重新梳理一下任务，重新确定截止时间。

第二步就是给这些项目安排好优先级顺序，区分好哪些是重要、哪些是紧急的，可以用几种颜色去标记，将亟须完成的事项提前整理出来。

完成了这两步，需要完成的任务就变得清晰明了了。

3. 执行

前面的准备工作都是为了让这一步执行更加顺利，更加得心应手。在执行过程中，哪些是完成了的，哪些是没有完成的，都需要标记出来，没有完成的是什么原因，个人还是外界因素导致，又有什么解决方案……

这样有序地完成任务，才能让我们工作事半功倍。

4. 总结

经验在于积累，熟能生巧。最后一步就是让我们去总结经验，对于那些完成了或者没有完成但过了截止时间的任务，我们能从中收获什么？完成了的任务，我们是否有什么方法能够在下次做得更快，某些细节能否做得更好……没有完成但是过了截止时间的任务，是因为什么原因导致任务没有完成，是否与自己的能力有关，应该怎么改正……

这一系列的总结，都将在下一次帮助我们更快、更高效地处理问题。

以上四点就是用思维导图来做时间管理的一个具体步骤，这样有条理地做每一件事，就不会觉得马上就要验收成果但还有一堆工作要做。

帕累托定律：用20%的时间做80%的事情

管理学上有一个著名的“二八法则”，它也是世界上公认的时间管理法则。

1897年，意大利经济学家维弗雷多·帕累托注意到19世纪英国人的财富收益模式，在调查取样中他发现英国大部分的财富都流向了少数人手中。同时，帕累托还发现了一个十分重要的现象，即一个族群占总人口数的百分比和他们所享有的总收入之间存在一种微妙的关系，而这微妙的关系存在于不同的时期以及不同的国家。无论是早期的英国，或者是其他国家，都能够从资料中发现这种微妙关系的存在，而且在数学上呈现出一种稳定的关系。

后来，帕累托又进行了大量的调查，他再次指出社会上20%的人占有社会上80%的财富，也就是说，财富在人口中的分配具有不平等关系。同时，帕累托还发现生活中存在很多不平衡的现象，他说：“这些不平等的关系，都可以用‘二八法则’来解释，虽然从统计学上来看，精确的80%和20%不太可能出现，不过这个定律仍然能够用来解释大多数的现象。”

1949年哈佛大学语言学教授吉普夫声称，自己发现了世界上“最省力的法则”，他的理论完全是对“二八法则”的重新发现与解释。他所提出的“最省力的法则”指的是：“资源总是会自我调整，目的是使工作量减少。而20%～30%的资源与70%～80%的资源活动有关。”

后来，罗马尼亚裔美国工程师朱伦，经过长期研究和深入地分析，再次发现产品品质中隐藏着“二八法则”。在朱伦的实践和倡导之下，“二八法则”逐渐成为全球品质革命的中心思想。而朱伦所提出的理论，不仅推动了美国的工业发展，也促进了日本的工业崛起。

“二八定律”由此被大众所熟悉，也有人称其为“帕累托定律”。

如今，“二八定律”不仅广泛运用于经济学、管理学领域，而且对于我们的时间管理也有着十分重要的现实意义——它能够帮助我们正确地选择，将自己的时间和精力花费在最重要的“20%的事情上”，其余“80%不重要的事情”可以延后再去完成。

每个人都希望自己能够在有限的时间里做更多的事情，但是不要忘了“二八法则”的存在——做任何事情都要主次分明，有时必要的牺牲也是为了最后的胜利！

生活中，“二八定律”也随处可见，20%的人偏向于正面思考，80%的人偏向于负面思考；20%的人有自己的目标，80%的人总爱瞎想；20%的人在问题中找答案，80%的人在答案中找问题；20%的人放眼长远，80%的人在乎眼前；20%的人把握机会，80%的人错失机会，等等。

在任何事物中，最重要的、起决定性作用的往往只占20%，其余80%尽管占多数，却是次要的、非决定性的。要知道，任何人的时间和精力都十分有限，想要把“100%的事情”完全做好，几乎是不可能的。因此，我们要学会合理地分配时间，与其“面面俱到”，不如“重点突破”，把80%的时间用在关键的20%上，用这重点的20%方面去带动其余80%的发展。

很多年轻人不小心进入了时间管理的误区，将自己的时间和精力花费在不重要的地方，可是细心地总结之后才会发现，自己投入了80%的时间和精力，最后却只有20%的回报。

如果利用“二八法则”来管理自己的时间，就能让时间发挥最大的功效。比如在制订好一天的计划后，把一天要做的事情全部罗列出来，然后划分重点，将其归纳到“20%”的范畴内，专注投入80%的时间去完成这重要的“20%”的事情；将剩下的“20%”的精力来处理剩下的不重要的“80%”的事情。

这样一天结束时，你就会惊讶地发现：自己做出了最明智的选择！当自己将80%的时间投入到这重要的“20%”的事情时，做事的效率得到了明显提升，并且在这几件重要的事情上所获得的回报，要远远大于做“80%”的不重要的事情所获得的回报！

四象限原理：规划待办事项的轻重缓急

中国有一句古训叫“天道酬勤”，它告诉我们只要愿意付出你的勤劳，上天就会给你最丰厚的回报。不过把这句话运用到现代社会，就显得有点“过时”了。

因为“天道不酬勤”的事情时刻都在发生。如果做事情不讲究方法，分不清轻重缓急，胡子眉毛一把抓，哪怕你做得再多、再努力，最后都有可能一事无成、一无所获。

现实生活中，很多人可能都有过这样的经历：明明一件事情可以很快做好，却因为其他事情被耽搁，没有及时去完成；明明自己制订的学习计划很轻松，却因为其他事情的干扰而“计划泡汤”。而且，随着时间的推移，这些没有做好的事情、没有完成的计划，会越积越多、越来越急。这时如果能够明确事情和任务的轻重缓急，优先安排最重要和最紧急的事情去处理，就会井井有条，而不会出现尴尬的情况了。

美国军事家艾森豪威尔提出过一个著名“四象限法则”，它能够帮助我们明确地知道自己的时间应该用在什么地方。“四象限法则”根据事情的紧急性和重要性分为四个象限。

第一象限：重要并且紧急的事情，你必须马上去处理。

重要是指事情的影响力较大、意义重大，甚至会严重影响其他事情的进展；紧急就是马上需要去处理、马上要做出反应的事情。

这一象限的事情包括上司急需的策划方案、客户的投诉电话、意外事故、信用卡账单等。这些事情十分重要，也很紧急，需要你集中精力去完成。

如果出现拖延的情况，会让事态变得更加紧急。因此，你必须对这一象限的事情给予足够的重视，并且优先处理，不能让其拖延或扩散，造成更恶劣的影响。

第二象限：重要但不紧急的事情，不能被你忽略或遗漏。

尽管这一象限的事情没有太大的紧迫感，却有着长远的影响力，它主要包括个人的规划、理想、抱负等。举一个简单的例子，大学快毕业了，你正在筹备写论文，虽然你有了自己的课题，可是还需要做很多方面的准备，比如搜集材料、阅读相关书籍等。

整个过程看上去并不紧急，有很多时间可以给你自由安排，但是你不得不耗费大量的时间和精力在这些事情上，否则被你忽略或遗漏的环节，可能会由第二象限变成第一象限，那时你就需要更多的时间和精力去处理这些事情了。

第三象限：紧急但不重要的事情，可以适当地忽略。

你可以设想一个情境：休息日，你独自在家享受轻松的音乐，或者正躺在沙发上看书，这时电话铃声忽然响起，原来是朋友打过来的，邀请你去参加一个饭局。

尽管这件事情显得十分紧急，但是并不重要，甚至可去可不去。

最后，你没有拒绝朋友的“好意”，去参加了那个饭局。在饭桌上，你喝得酩酊大醉，才想起有重要的工作要做，然而脑袋昏昏沉沉的，根本无法思考。

朋友的邀请虽然紧急，但并没有特别的意义，反而会影响到你正常的生活与工作。

这样说来，明明是第三象限的事情，你去按第一象限处理了，显然是错误的。

第四象限：不紧急也不重要的事情，你要避免沉溺其中。

这一象限的事情可做也可以不做，不过它们应该对你的生活是有益处的。由于它们不紧急，也不重要，所以你要避免沉溺其中，不要花费太多的时间和精力。比如上网、逛街、看电影、听音乐等事情。

现代管理学之父彼得·德鲁克曾经说过：“那些最没有效率的人，往往将自己的最高效率浪费在没用的事情上。”很多年轻人为什么埋头苦干，最后却没有得到相应的回报呢？其中很重要的因素就是分不清事物的轻重缓急，做起事来也毫无头绪可言。

时间管理的第一大关键，就是要有明确的目标性，要分清事情或任务的轻重缓急。

其实，生活中很多事情都可以根据“四象限法则”进行分类。它能够帮助我们分清事情的轻重缓急，这样才能把时间都用在刀刃上，提高做事的效率，也提高了时间的使用价值。

番茄工作法：张弛有度地操控专注力

你知道时下最简单、最流行的时间管理方法是什么？那就是“番茄工作法”。

“番茄工作法”是由瑞典作家弗朗西斯科·西里洛提出来的一种时间管理方法。

弗朗西斯科·西里洛上大学时曾是一个“学渣”，还是一个重度拖延症患者，更不懂得什么是时间管理。大学期间，他无法专心学习，精力分散，学习效率低下，每天都生活在迷茫之中。他不知道自己在大学里收获了什么，只知道自己每天都在浪费时间。

后来，他认真审视了自己，并且和自己打赌说：“我能不能专心学习10分钟？”

他从厨房里找来一个计时器，形状看起来像一个番茄，这也是“番茄计时”的由来。很遗憾，这次打赌他输了。他居然连10分钟都坚持不了。

不过，这反而激发了他的斗志。他开始寻找方法，不断进行尝试，最后发明了这个简单易行的“番茄工作法”，从此走上了人生巅峰，吸粉无数。

“番茄工作法”一经推出，便迅速登上了《哈佛商业评论》，并且受到众多哈佛教授的推崇，同时也被众多哈佛学子运用到实际生活中。

那么，“番茄工作法”究竟是一种怎样的时间管理法呢？

简单来说，就是选择一项待完成的任务，将番茄时间设置为25分钟，然后专注地学习或工作，中途不被任何与该任务无关的事情所打扰，直到番茄时间响起，任务结束后休息5分钟，完成3～4个番茄时间后，将休息时间延长至15～30分钟。具体的操作流程如下：

1.准备好工具

“番茄计时法”所需要的工具十分简单：一支笔、两张纸和一个定时器。

两张纸画出两个表格，一张是“今日待办事项表”，一张是“活动清单表”。

“今日待办事项表”需要填上当天的日期，列出当天需要完成的任务，每天更换一张。

“活动清单表”是你近期需要完成的任务，可以根据轻重缓急排序。一张“活动清单表”可以用很多天，随时增加新的任务，已经完成的任务划掉即可。

2.确定你的番茄时间

你可以根据自身的情况来确定番茄时间，可以是30分钟，也可以是1小时。如果你将自己的番茄时间设置为30分钟，那么接下来的25分钟就必须专注地完成学习任务，5分钟用来休息，然后再开始下一个番茄时间。

当你完成3～4个番茄时间后，可以将休息时间延长至15～30分钟。

3.应对干扰

哪怕一个番茄时间只有短短的25分钟，但仍有可能受到各种干扰，让你无法保持专注。

这些干扰主要以两种形式出现，一是内部中断，二是外部中断。

内部中断是指自己突然想到有其他事情要做，比如需要给同学回个电话，这时可以把突然想到的事情写进“今日待办事项表”，然后继续完成这一个番茄时间，不要被中断。

外部中断是指另有一些紧急、重要的事情需要马上处理，这时应该放弃这个番茄时间，哪怕只剩下5分钟就要结束了，先去处理紧急、重要的事情，然后再开始一个新的番茄时间。

“番茄工作法”能够让我们张弛有度地操控专注力，并且更好地进行时间管理，也能够让时间的分配变得有迹可循。它的最终目的，就是让我们从完成一个一个番茄时间所带来的效率提升和激励中获得丰富的成就感和满足感。当我们有了成就感之后，便会更加热情、专注地去学习，在成就感中不断提高自己的学习效率，继而克服拖延的坏习惯。

现在一些手机APP也运用了“番茄工作法”，比如番茄土豆APP，有兴趣的朋友也可以看看。

甘特图：用管理项目的方法管理时间

在管理学界，甘特的名字可谓如雷贯耳，因为他发明了举世闻名的甘特图。

20世纪初，美国科学管理学派创始人亨利·甘特设计出了一种能够组织和监控项目进度的管理工具——甘特图。由于它是用条状图来显示项目的进度，因此又被称为横道图或条状图。

在甘特图中，每个任务都有预期完成的时间，用水平的条形代表，左边是开始执行的时间，右边是任务完成的时间；任务进行到哪一个时间点，进度条就放在什么地方。

你可以选择一次执行一个任务，也可以几个任务一起执行。对于那些比较重要的任务或者事项，可以用一个小菱形作为标记。

甘特图最大的特点就是，一目了然。你可以在甘特图中看到子任务是什么，还可以看到每个任务什么时候开始执行、什么时候结束以及预想任务的完成进度。如此“可视化”地呈现出整个项目，方便领导了解每个阶段正在发生的事情，从而更好地跟进项目。也方便员工自查，对项目有一个整体把控。

甘特图最想突出的是项目执行中的时间因素，而它的主要作用有三点：

1. 计划产量与计划时间的对应关系。

2. 每日的实际产量与预定计划产量的对比关系。

3. 一定时间内实际累计产量与同时期计划累计产量的对比关系。

甘特图把关注的重点放在时间的进度上，同时又能全面反映出项目的三要素——时间、成本和范围。有人说，甘特就是一个天才，因为只有天才的管理学家，才能设计出如此简单实用的工具。

很多人不知道，甘特出生于马里兰州的一个农民家庭，南北战争防止了美国的分裂，却导致了甘特家庭的贫穷。童年的艰辛，使甘特明白了勤勉、俭朴、自省、奋斗的意义所在。

1880年，当他在霍普金斯大学以优异成绩毕业时，明白大学的学习所得还远远不够。于是，他一边在自己的母校麦克多纳预备学校任教，一边在史蒂文斯技术学院继续学习。

1884年，他成为一名机械工程师。

1887年，他来到米德维尔钢铁厂任助理工程师。在这里，他结识了泰罗。

1902年以后，甘特离开了泰罗，独立开业当咨询工程师，并先后在哥伦比亚、哈佛、耶鲁等大学任教。第一次世界大战期间，甘特放弃了赚钱的企业咨询，为政府和军队充当顾问，对造船厂、兵工厂的管理进行了深入的研究。

20世纪初期，在他的潜心研究下，甘特图问世了。

从严格意义上来说，甘特图只是项目管理方法，但我们仍旧可以用它来进行时间管理：

1. 列出每天的待办清单

这时候不用管时间够不够用，先在脑海中列出今天要做的事情，比如起床、锻炼、吃早餐、去公司、写一份报告、开会、吃午饭、午休、去拿一个快递、回家、玩游戏、睡觉。

2. 按照时间先后顺序，将上述内容进行排序

起床→锻炼→吃早餐→去公司→写一份报告→开会→吃午饭→午休→去拿一个快递→回家→玩游戏→睡觉。

用绘图软件（用纸也可以）画一张简单的图，根据任务数量画出横条形，最左边写出任务执行时间，最右边写出任务完成时间。

3. 根据甘特图的理念，优化计划

如果同一时间需要做两件事情，或者多件事情，那么可以将任务重叠。如果有重点任务，就用小菱形标记一下。这样便能够一目了然，看到任务的完成进度了。

从《星际穿越》中找灵感，让时间维度变得更丰富

《星际穿越》是鬼才导演克里斯托弗·诺兰拍摄的一部科幻电影。

从表面上来看，《星际穿越》探索的是人类如何跨越浩瀚的星际空间、如何寻找人类新家园的故事。但从更深层次来说，它又蕴含了人类和时间的关系哲学。

如果从时间的角度去理解这部电影，我们可以看到一些比较宏观的议题，比如“第五维空间”“虫洞旅行”“星际穿越”等。理解这些议题，会发现时间的维度变得更加丰富了。

首先说一下“第五维空间”的概念。爱因斯坦的相对论指出，我们不能把时间、空间、物质三者分开解释。因为时间与空间一起组成四维时空，构成宇宙的基本结构。所以物质与时空并存，只要有物质存在，时间便有意义。

另外根据系统论，任何系统都是有层次的——这种层次便是第五维空间。《星际穿越》中的“第五维空间”，指的便是时间、空间和层次的统一。

其次是“虫洞旅行”。虫洞不是只存在于科幻小说中的幻想，而是现代物理学所承认的物质，至少在理论上是如此。爱因斯坦曾在广义相对论中写道：“虫洞是弯曲空间和时间用以操纵距离的区域。”本质上来说，虫洞是空间中的一个点与较远的区域之间的一种短路径连接。

在《星际穿越》中，男主就曾实现“虫洞旅行”。不过，哈佛物理学家丹尼尔·贾菲里斯认为，通过这些虫洞要比直接航行花费更长的时间，因此它们对太空旅行不是很有用。因为虫洞需要花费更长的时间才能穿过黑洞（理论上是虫洞的开口），而且它们不一定是直线。从外部的角度来看，穿过虫洞的过程相当于使用纠缠的黑洞进行量子隐形传态。

最后是“星际穿越”。在《星际穿越》中，一帮太空旅行者花费8个月时间到达黑洞，在第一颗星球上探索的时间却是23年，这里的“时间差”是由引力强度造成的。男主人公怎么也没有想到，自己身上只过去两三个小时，而外面的世界已经过去了20多年。

可以说，在引力作用下，一瞬间也可以变成永恒。

值得一提的是，《星际穿越》的科学顾问是著名的物理学家基普·S.索恩。他不仅是加州理工学院费曼理论物理学教授，也是当今世界研究广义相对论下的天体物理学领域的领导者之一。有了基普·S.索恩的加盟，才能确保电影中的虫洞等概念的准确性。

从《星际穿越》中，我们能够看到时间的维度变得更丰富了。时间的概念也变得复杂而难以理解了。很多人开始思考：时间的开始在哪里？时间的尽头又在哪里呢？

斯蒂芬·霍金曾经说：“宇宙中的时间是有一个起始点的，它由宇宙大爆炸开始，这个起始点被称为‘奇点’，‘奇点’没有‘之前’一说，讨论在此之前的时间是毫无意义的。”

这样说来，时间开始于宇宙大爆炸，那么时间的尽头又在哪里呢？

根据“宇宙大爆炸理论”，宇宙始终处于不断膨胀的状态中，直到未来的某一天，宇宙膨胀得过大，再也无法支撑自己的质量，便会开始向内坍缩，最后形成一个巨大的黑洞。这个黑洞便是时间的“尽头”。

虽然时间有尽头，但是对于人类来说，时间仍旧是“永无止境”的——不断向前、持续进步，关键在于懂得时间的意义是什么。

我们谈论时间的问题，不是为了让自己变得更加迷茫，而是为了让自己变得更加清醒。时间是复杂的，又是简单的；过去和未来的时间无法掌控，但是可以把握现在、活在当下。

正如哈佛前校长德鲁·吉尔平·福斯特所说：“人生之路很长，我们总有时间去实施备选方案，但不要一开始就退而求其次。有时候，我们确实缺乏一种勇气，一种承担风险、放手一搏的勇气。平平淡淡的生活也很美好，但生活，总是需要一些不一样的东西。”

在可控的时间里，活出自我，追求幸福，努力拼搏，这便是生活最需要的东西。

养精蓄锐，
让身体和灵魂一起全力以赴

事倍功半的低效率勤奋者的一天

古今中外，那些有所作为的人，无论科学家、政治家还是文学家，都离不开“勤奋”二字。在竞争激烈的现代社会，你必须保证自己时刻都在努力进步，才能将竞争者甩在身后。今天你懒惰了，明天你将赶不上竞争对手，因为每个人都在前进，一刻也不停息。

哈佛大学公开课教授迈克尔·桑德尔来中国演讲时说过这样一段话：“一块土地再肥沃，如果不去耕种，也长不出甜美的果实；一个人再聪明，如果不懂得勤奋，也目不识丁。”

不过，在现实生活中，很多人努力学习了，却没有取得好的成绩；很多人表面上看起来十分勤奋，但还是事倍功半，永远比不过别人……这是为什么呢？主要原因有三点：

1. 缺乏专注力的勤奋等于“瞎忙”

很多人看起来很勤奋、很努力地学习，其实并没有专注于学习。

在信息化社会，专注力是人类最宝贵的资源。正如哈佛“情商之父”丹尼尔·戈尔曼说：“专注，它是驱使人们更加优秀的内在动力。”

一个人能否成长为顶尖的优秀人才，背后的因素有很多，包括主观的与客观的，但专注是突破自我、走向成功必备的素质。没有谁能在有限的时间里做无限的事情，也没有谁能在每个方面都取得卓越的成功。哪怕你的智力超群、情商极高，也无法成为一个面面俱到的“全才”。现实的情况令人焦虑，许多聪明的年轻人，总是在做一件事情的时候想着另外一件事情，在完成一个任务的时候将精力分散给其他琐碎的小事。他们的脑海中有太多想法、兴趣和欲望，却唯独没有专注的精神，甚至忽略了专注力的重要性。

哈佛商学院工商管理系的科比教授在自己的著作《学习力》中写道：“普通学生和优秀学生的差距，可能仅仅在于专注力。”

学习之路并没有什么捷径可走，只是有的人将时间和精力用在同一个问题上，始终保持着专注的精神；有的人却将专注力分散，即使坐在教室里学习，思维也不在书本之上。

只有重视并提高自己的专注力，才能在不断突破中实现自我，获得终身成长。

2.缺乏学习力的勤奋终究一无所获

除了专注力，科比教授还在《学习力》中写道：“在全新的时代，如果仍旧使用传统的方法去学习，只会变成一个减值的过程；而以学习力去获取知识，则会变成一个不断增值的过程。所谓学习力，就是一种学习方法和解决问题的方式，它让孩子学会学习，在接受知识的基础上有自己的独到见解，独立地思考问题，并发挥自身的创造力来解决问题。”

哈佛学子都很勤奋，但是他们绝不会只顾埋头读死书，而是懂得提高自己的学习力。

哈佛商学院工商管理系的柯伟林教授曾说过：“唯有学习力，才能让孩子真正提升学习效率，成为学习的主人。”

哈佛学子从来不会只顾学习，而不注重发展其他方面的能力。如果只顾学习成绩，就算每门功课都是A，离开学校后也会一无所长。不懂得如何高效学习，也不懂得如何提高自己的学习力，即便自己再勤奋，其价值也会像阳光下的雪人一样，逐渐消融，最后无踪无影。

3. 不懂“养精蓄锐”的勤奋只会耗空身体

有的人确实很勤奋地学习、夜以继日地工作，甚至让自己的身体疲惫不堪。这样的“勤奋”自然也是不可取的，因为“人的精力是有限的”。如果不懂得养精蓄锐，即便再勤奋，也只是徒劳。因为身体会支撑不住，精神也会支撑不住，学习和工作的效率也会越来越低。

从字面上的意思来看，“精力”是指人的精神和体力。

畅销书作家汤姆·拉思在《你充满电了吗？激活人生状态的精力管理》一书中写道：“精力是一种能量体系，如果把人体想象成电池的话，精力的状态就像是电量的储备状况，精力包含意义、互动和能量三大要素。”

英国咨询顾问、培训师丹尼尔·布朗尼在《超级精力管理术》中将精力定义为：每个人做事投入度的基础，分为筋疲力尽、全情投入、游刃有余等不同层次，影响精力的主要因素为运动、饮食、睡眠等生理基础和情绪压力状况。

每个人的精力是十分有限的，不会源源不断、用之不竭。人们在调动精力的时候，也并非只是一个维度上的调动，而需要体能、情绪、思维和精神上的相互协调。

因此，每个人应该管理好自己的精力，让精力的消耗和补给始终保持平衡。

艺术家雷诺曾说：“假如你没有别人聪明，也没有什么特殊的能力，那么勤奋将会弥补你的不足；假如你拥有明确的目标，做事的方法也很恰当，那么勤奋将助你获得成功！”

如果只是一味地勤奋，而不知道培养自己的专注力与学习力，不知道管理好自己的精力，也只能是低效率的勤奋者。

最不能透支的资本——身体

当今社会竞争激烈，任何一个工作岗位都有无数的竞争者。这也向年轻人发出了一个警告：如果不好好读书，未来你将没有更多选择。

年轻人面对求学及就业的压力，熬夜加班早已成为一种风气。大多数年轻人只能用工作的进度来弥补资本的不足。在求学压力、工作压力、社会压力以及生活压力的“多重施压”下，很多年轻人开始透支自己的身体健康来学习和工作，这使得他们的身体呈亚健康状态。

我们也经常能在各种新闻上看到某某工作者，因为忽视了身体的承受能力，强行给自己加上更多的任务，最终倒在了还未完成的文案堆里，英年早逝。身体不能无休止地消耗，就算是高三学生面临高考，在必要的时间他们也需要假期去放松，缓解学习的劳累。

毛主席说过：身体是革命的本钱。确实，学习和工作是永无止境的事情，生命却是有始有终的。我们需要在短暂的时间里，体现出生命的价值。所以，身体是年轻人最不能透支的资本，一旦身体出现问题，学习和工作将失去原有的意义。

哈佛大学同样重视学生的身体素质，虽然哈佛学子整天忙于学习、忙于思考、忙于社交，却从来不会透支自己的身体。他们会留给自己充足的睡眠时间，会给自己准备丰盛的食物，因为他们知道，身体健康才是学习的基础，透支身体就等于透支生命。

很多人可能不知道，在申请哈佛大学的学生中，专业运动员会拥有很大的优势。哈佛大学甚至将“体育”单独列出来，其权重达到了25%，在“体育”要素中，共有1分～6分六个等级，招生官会给学生进行打分，6分最低，1分最高，其中还有“＋”或者“－”作为调整。最后，招生官根据四个要素进行总体的评估。可见，体能的好坏会直接影响申请哈佛的成功率。

哈佛大学还会将“精力管理”当成重要的课程，开设此类课程的目的是为了让学生明白，只有做好精力管理，拥有充沛的体能，才是学习的基础。

美国著名的心理学家吉姆·洛尔在《精力管理》一书中写道：“我们应该在精力充沛的时候做重要的事情，让自己劳逸结合，作息要有规律，多进行有氧运动，累了就补充能量。只有善待自己的身体，身体才会善待你。”

在《精力管理》一书中，吉姆·洛尔还提出了三种精力管理模式：

1.日常模式：支出与补充

在日常生活中，每个人都需要不断支出和补充自己的精力。

成人工作、做家务或者进行其他娱乐活动，需要支出精力；孩子学习、做作业、看电视也需要支出精力。当然，在支出精力过后，我们也需要补充精力。

正如手机需要电池的能量才能正常运转，在进入低电量模式后需要及时充电一样，人的精力在不断消耗之后，也需要及时休息，让精力得到补充。

日常精力补充的方式有两种，一是每天睡眠的长休息，二是活动间隙的短休息。

2.压力模式：透支与修复

如果手机的电量低于20%，手机会立刻发出“电量过低”的警示；而当手机的电量低于1%时，会自动进入关机状态，这时候就必须进行充电才能让手机恢复正常。

同样的道理，人体也会出现体力透支、精力不足的情况，比如五一长假通宵泡网吧、玩游戏，考试前熬夜看书，一口气跑了很远的路程等。在这种“压力模式”下，身体会过度消耗日常储备的精力，从而出现精力不足的情况。如果不能够及时休息，给身体“充好电”，那么就很容易让身体出现问题，最后需要通过治疗或休养才能重新恢复健康与活力。

3.极限模式：储备和衰竭

手机电池也有自己的寿命，即电池循环充放电的次数。一般的手机电池在使用超过一年后，就算每次都充满了电，其待机时间也会越来越短，到最后甚至无法再充电，直接报废了。

人的精力也会随着使用次数的不断累积而进入极限模式，渐渐走向衰竭。但是，我们可以根据精力的构成因素，进行适度的韧化训练，正如我们可以通过锻炼来增强体质、延缓衰老一样，通过适度的韧化训练，也能够增加精力的储备。

生活在数字化时代，每个人都给自己紧紧地拧上发条，每天都按部就班地学习、生活和工作。然而，面对与日俱增的社会压力，我们的身体不断被透支，精力也“捉襟见肘”了。

这时候如果不懂得及时恢复和补充，就会导致身体出现“电量不足”的情况。可见，如何管理好自己的精力，似乎比如何管理好自己的时间更加重要，因为精力不足，专注力便会下降，我们也就无法正常地学习与工作，更不可能有所作为了。

习得性无助：让人终日萎靡不振的心理诱因

学习讲究的是勤奋、是积累、是高效的学习方式、是良好的身体和心理状态……

如果一个学生整日萎靡不振，看起来没精打采，甚至陷入了“习得性无助”中，又如何好好学习呢？“习得性无助”指一个人经历了挫折与失败之后，面对问题时产生的一种无能为力的心理状态。

“习得性无助”的孩子，最初也拥有积极的心态，但是经历多次努力之后，仍旧达不到自己或父母的要求，甚至因此遭受父母的批评、打击和责骂，结果成绩越来越糟糕，直至陷入恶性循环中：父母起初的批评可能还有一点作用，但一次次的批评和打击，让孩子越来越无助，开始觉得自己“就这样了”“无能为力了”“没办法了”……

这时候的孩子已经陷入了“习得性无助”的心理状态中，就像古希腊神话中的西西弗斯一样，一次又一次将巨石推上山顶，然后巨石一次又一次从山顶滚落，如此循环不止，西西弗斯永远都在绝望之中，直到他的生命尽头。

现实生活中，有很多人像西西弗斯一样，很努力地去做某件事情，却又频频发生意外，始终无法达到预期的效果。由于长久的努力得不到回报，这些人甚至会觉得努力是一件毫无意义的事情。这种无助又无望的感觉，便是心理学上的“习得性无助”。

1967年，美国心理学家马丁·塞利格曼在研究动物时，用狗做了一个经典的实验：

他将狗关进笼子里，每当蜂音器响起的时候，就对笼子里的狗进行一次电击。起初狗会极力挣扎，但笼子关得紧紧的，它根本无法从笼子里逃出来。

多次实验之后，蜂音器响起，即使把笼子的门打开，狗也没有再挣扎，而是呻吟着、颤抖着，等待电击的出现。可笼子的门明明开着呀，只是它已经没有了逃出去的想法。

马丁·塞利格曼将这种“可以主动地逃避却绝望地等待痛苦的来临”的状态，称为“习得性无助”。这项研究也表明，反复对动物施以无可逃避的强烈电击，会给动物带来无助和绝望的情绪，让它们渐渐放弃想要抵抗的想法，绝望地等待最坏的结果。

后来，心理学家发现，在对人类进行类似的实验中，出现了类似的结果。

很多人在陷入长久的困境中时，都会产生自我怀疑或者自我放弃的念头。或许起初他们也努力过、挣扎过，但因为没有见到成效，便开始放弃努力，认为自己“这也不行，那也不行”，或者认为困境是无法被改变的，至少自己没有能力改变。

在“习得性无助”的心理状态下，人们会自我设限，将失败的归因放在自己身上，认为自己的能力不够，从而放弃尝试的勇气与信心，变得破罐子破摔。比如有的人学习成绩不好，就认为自己的智商太差，失恋了就认为自己不够优秀等。

“习得性无助”对于自我心理状态以及自我发展都有巨大的负面影响，既然如此，我们应该如何摆脱“习得性无助”呢？

1. 调整自己的归因模式

无论是成功或是失败，都应该有正确的归因。失败了，不能将所有归因都放在自己身上，认为自己不行、自己没有能力，从而陷入“习得性无助”的状态中。应该调整自己的归因模式，正确认识自我，而不是一味地将失败归因于自己。

2. 从自己擅长的事情做起

做自己擅长的事，更容易获得成功，更容易拥有喜悦和成就感。这样，自信心也会越来越强，对于自己的能力也会越来越认可。

3. 降低不擅长领域的预期

当我们在不擅长的领域屡屡受挫时，可以适当地降低期望，否则只会让自己不断陷入挫败感中。每个人都有自己的优势与劣势，当我们在不擅长的领域遭遇失败，不如将精力放在自己擅长的领域，同时要学会把“我就是做不好”变成“我可以做好什么”。

当一个人遭遇失败、陷入困境和挫折之中时，仍旧要保持坚韧的意志力，去克服困难，去改变现状，而不是产生“习得性无助”的心理。

意志力是管理自己情绪的能力、控制自己欲望的能力、激励自己不断进步的能力和克服一切困难的能力。坚强的意志力能够帮助我们掌控人生、控制情绪、战胜困难、从容不迫地走向成功；而缺乏意志力，只会让人胆怯、畏惧、无所作为，最终演变为“习得性无助”。

最省力的努力是“第一次就把事情都做对”

“第一次就把事情都做对”的概念是著名管理学家克劳士比提出来的。他在阐述“零缺陷”理论时，反复提到这一概念，并将其归纳为“零缺陷”理论的精髓之一。

对于企业来说，“第一次就把事情都做对”是最便宜的经营策略，甚至有的公司直接将这几个字做成条幅，挂在车间门口。如果员工不能“第一次就把事情都做对”，就会让工作陷入一片忙乱之中——旧的问题刚解决，新的故障又出现了，结果手忙脚乱，不断纠错。轻则白白浪费了时间、精力与资源；重则检讨返工，给企业带来重大的损失。

可见，第一次没有把事情做对，就只能毫无价值地忙乱。你可以很忙碌，但最好是忙着创造价值，而不是忙着制造问题与解决问题。

生活中，很多事情都必须第一次就做到位，否则反复修改、反复去做，只会让问题不断滋生，只会浪费更多的时间、精力和资源。如果出现的问题重大，则会牵连到其他人，甚至整个企业。所以，低效率的勤奋应该终止，“第一次就把事情都做对”才是最省力的努力。

在一次工程作业中，老师傅需要一把扳手，便对小学徒说：“去，帮我找一把扳手过来。”小学徒当机立断，转身就去找扳手。

但过了很长时间，小学徒才喘着气回来，将一把很大的扳手递给老师傅，说：“师父，这是你要的扳手，这扳手可真不好找……”

老师傅一看，小学徒拿来的并不是他所需要的扳手。于是生气地呵斥小学徒："你拿这么大的扳手做什么？"

小学徒一脸通红，什么也没有说，显得十分委屈。

这时老师傅才反应过来，自己叫学徒拿扳手的时候，并没有告诉他自己要什么样的扳手，也没有告诉他要去哪里拿。所以，拿过来的扳手不适用也是理所当然。

第二次，老师傅直接告诉小学徒，到哪个仓库的什么角落，拿一个什么样子的多大的扳手……这回，小学徒很快就回来，他还带着老师傅正需要的那把扳手。

年轻人肯定都遇到过这样的情况——第一次没有把事情做对，然后问题不断、麻烦不断，做到最后也没有做好，并且为此付出了巨大的代价。这时候可能就会有人站出来说了：人非圣贤，孰能无过。只要是人，就难免会犯错，只要是人做的事，就不可能绝对完美。

于是，人们学会了给自己制定一个执行标准，只要"出错率"在可接受的范围之内，就允许自己犯错。如此一来，更多的人都会认为，犯错是可以接受且不可避免的。

但在现实生活中，有多少人允许自己的快递被送错呢？有多少人能够接受自己的银行存款因为银行的失误而少一个零呢？有多少人觉得自己乘坐的飞机出一次故障是正常的呢？

在有的事情上面，人们可以接受不完美的情况；但在另一些事情上面，人们则无法接受一点失误或瑕疵，这便是克劳士比提出的"零缺陷"理论。

如何才能让自己"第一次就把事情都做对"呢？

1. 不抱侥幸心理，认真完成每一个步骤

侥幸心理是人类的自我保护本能。当我们遇到压力、风险、危机，感到焦虑不安，心理失去平衡的时候，侥幸心理便会"挺身而出"，以一种不确定的乐观情绪支撑起人的精神层面。这种不确定的乐观情绪并不是基于现实，甚至与现实相反，它的作用就是让人的失衡心理及精神状态得到暂时的稳定，就像"精神吗啡"一样。

在某些情况下，侥幸心理会给人带来乐观的心态，但对于一些懒散之人，或者想要投机取巧、一夜暴富、一劳永逸的人来说，侥幸心理会变成一种精神依赖，严重影响人的心理健康，比如有的人总想通过赌博、炒股、博彩等行为来实现人生飞越。

因此，面对“有可能出错的事”，不要抱着侥幸心理，认为它一定不会发生，而应该谨小慎微，以客观严谨的态度去面对任何一种可能性。

2.重视细节，越细微的事情越要一次做到位

你肯定听过“千里之堤，溃于蚁穴”，也知道“不积硅步，无以致千里”的道理。天下大事必作于细，细节因其“细”，也经常让人感到烦琐，让人不屑一顾。不过，很多事情的成败又总是受到细节的影响。任何一个细节上的疏漏，都有可能让你精心构筑起来的“大厦”在瞬间轰然倒塌，让你在微不足道的地方功败垂成。如果你能够在规划人生时，重视一点一滴的小事，把每一个细节都做到位，那么就能够建立起成功的阶梯了。

3. 永远不要“赶工”，保持质量才最重要

很多人喜欢追求效率，喜欢“赶工”，但一味求快，而不重视质量，最后往往适得其反。如果总是盲目地提升做事的效率，对于学习中、工作中的一些细节把控不到位，最后也只会漏洞百出、问题不断，并且在处理这些漏洞和问题时，往往会花费更多时间，这样反而降低了效率。所以，“赶工”是一种得不偿失的工作方式，应该尽量避免。

从古至今，我们接受的教育中，就包含了“人无完人，金无足赤”“犯错是不能避免的”“人非圣贤，孰能无过”等观念。直到“零缺陷”理论走进大众的视野中，人们才开始反思，重新审视这个问题——在有的事情上可以犯错，有的事情却要求零缺陷。

“第一次就把事情都做对”是一种“避免错误”的思维方式，它与传统思维中的“允许犯错”相悖，因此年轻人要学会区别对待，更要学会自己抉择——在哪些事情上允许自己犯错，哪些事情上必须“零缺陷”。当你有了自己的执行标准后，便更容易将事情做好了。

如果你的睡眠时间被意外剥夺了

哈佛大学不仅很重视培养学生的学习力与社交能力，还很重视学生的睡眠情况。睡眠也是哈佛校园生活的核心之一，Study（学习）、Sleep（睡觉）、Social（社交）被合称为“3S”。

哈佛医学院还特意建了一个“健康睡眠”网站，定期发布一些有关睡眠的研究报告，不断强调健康睡眠的重要性，同时还有一些教授会在网站上分享健康睡眠的方法。

2018年，哈佛大学更是设立了专门的“学前睡眠课程”，要求新生必须完成线上睡眠的基础课，才能够正常入学。这些举措充分说明了哈佛大学对于学生睡眠的重视。如果没有一个高质量的睡眠，就不可能拥有充沛的体能和精力投入到学习之中。

从生理学的角度来看，人在睡眠的时候，身体正在经历一个主动修复的过程。

睡眠期间人的体温、心率、血压会下降，呼吸及部分内分泌减少，基础代谢降低，而胃肠道及其他有关脏器合成并制造人体能量物质的活动得到加强，从而使人的体力得到恢复，疲劳感得以消除。同时，在睡眠状态下，大脑的耗氧量大大减少，以利于脑细胞贮存能量，恢复精力，所以睡眠充足的人往往精力充沛、思维敏捷，学习和工作的效率较高；而睡眠不足的人往往精神萎靡、注意力涣散、记忆力减退。

在正常情况下，人体会对侵入的各种抗原物质产生抗体，并且通过免疫系统将其清除，以保证人体的健康。睡眠不仅能够增强人体免疫力，还能够使各组织器官的自我康复加快。

美国国家睡眠基金会推荐成年人每天的睡眠时间是7～9小时。中国睡眠基金会研究出的睡眠时长标准表显示：6～13岁的儿童睡眠时间应该保持在9～11个小时，不推荐的睡眠时间为不足7个小时或者超过12个小时；14～17岁的青少年睡眠时间应该保持在8～10小时，不推荐的睡眠时间为不足7小时或者超过12个小时。

在医学上，睡眠分为五个不同的阶段：

1. 入睡期：昏昏欲睡的时候，睡眠良好的人，入睡期通常只占整个睡眠时间的5%左右。

2. 浅睡期：刚进入睡眠的时候，大约占整个睡眠时间的50%。

3. 熟睡期：主要起到一个过渡的作用，约占睡眠时间的7%。

4. 深睡期：恢复精力的主要阶段，约占睡眠时间的15%，进入深睡期后不容易被叫醒。

5. 快速动眼期：又叫异相睡眠期，约占睡眠时间的20%。这一阶段在巩固大脑的学习力和记忆力方面有着十分重要的作用。

以上五个阶段构成了一个完整的睡眠周期，每个睡眠周期会持续90～120分钟，正常人一晚上会经历4～5个周期，总共睡6～9个小时。

不过，现代人生活节奏飞快，生活压力巨大，加班工作、熬夜学习的情况经常发生，很多年轻人的睡眠时间都被意外剥夺了。民福康调查数据显示，中国睡眠最少的三个行业分别是服务业、广告业和金融业，这些行业的人平均睡眠不足7个小时；而在未成年人中，高三的孩子睡眠时间最少，平均每天只睡5～6个小时。

这些高压下的人，在工作与学习中需要投入更多的精力，却没有足够的睡眠时间，其后果可想而知——他们不仅被失眠、多梦等睡眠问题所困扰，而且精力得不到有效恢复，工作与学习自然没有效率，而且长时间被睡眠困扰，还会影响到身体健康。

《百年孤独》的作者马尔克斯曾经说过：“失眠是一种时疫病，即时代的瘟疫。”

如果只知道忙碌地支出精力，而不知道停下来补充精力，最终会将人体存储的精力消耗殆尽。年轻人无论工作多忙、学业多繁重，都要保证充足的睡眠时间。只有在睡眠中恢复了精力，才能更加高效率地投入到工作与学习中去。

在哈佛大学还有一种这样的说法：学习、社交、睡眠，每个人只能选择两个。如果你想取得优异的成绩，就要放弃社交或者睡眠的时间，但是有一位完成了哈佛睡眠基础课的学生说：“通过学习哈佛的睡眠基础课程，我相信自己可以全部拥有这三项，而这正是从每晚良好的睡眠开始的。”

确实，只要保证睡眠时间不被剥夺，就能让身体和灵魂得到更好的休息！

熬夜族的“大脑喂养计划”

现代年轻人很多是“熬夜族”，他们习惯于占用自己的睡眠时间，去做一些其他的事情，比如打游戏、看视频、刷微博、看段子等。其实，他们也知道熬夜的危害有多大，也经常看到媒体报道“有人熬夜猝死”的新闻，但他们就是改不掉熬夜的坏习惯。

年轻人肯定有过这样的体验：前一天晚上没有睡好，第二天起床会出现“头痛欲裂”的现象；如果一整晚不睡觉，大脑会特别不清醒，思考力也会明显下降。这些都说明，缺少睡眠会对大脑造成严重的损害。熬夜族可能也知道这一点，但绝对不会想到伤害如此巨大。

中国《神经科学杂志》上的一项研究表明：睡眠不足给大脑带来的损害是无法通过补觉来修复的。一个人如果长期熬夜，往往会出现头晕眼花、反应迟钝、记忆力减退等症状。

2019年2月，哈佛医学院的菲利普·斯维尔斯基博士研究团队，在国际顶级学术期刊《自然杂志》上发表了一篇有关“熬夜与睡眠”的研究报告。

报告中明确指出：熬夜之后，如果睡眠时间不够、睡眠质量不好、睡眠不连续，都有可能导致动脉粥样硬化，其中危害最大的是“碎片化的睡眠”。

什么是“碎片化的睡眠”呢？就是被打断的、不连续的睡觉。

“碎片化的睡眠”会让人体内的白细胞迅速增多，破坏血管内壁结构，最终导致动脉粥样硬化。而人体一旦出现动脉粥样硬化，猝死的概率便会急速上升。

瑞典乌普萨拉大学的本笃教授也指出：熬夜会对大脑造成严重的损害。

本笃教授及其团队找来两组受试者，分别观察他们在缺乏睡眠的情况下，大脑会发生怎样的变化。结果表明：长期熬夜的受试者，大脑内的一种化学物质会呈现明显上升的趋势，而这正是脑部受到损伤的一种信号。

本笃教授还指出，长期熬夜、缺少睡眠，不仅会对大脑造成损害，久而久之还会导致帕金森症、阿兹海默症以及多发性硬化症，严重影响人的身心健康。

熬夜的危害如此巨大，为什么很多年轻人还“乐此不疲”呢？

有人熬夜是为了工作，有人熬夜是为了学习，而有的人熬夜只是为了玩耍，甚至有人熬夜已成习惯，不到凌晨两三点就睡不着觉。无论是什么原因，熬夜的危害都是不言而喻的。

因此，对于熬夜族来说，给自己制订一份“大脑喂养计划”已经迫在眉睫了。

首先，应该及时补充水分。

水分的补充至关重要。水是生命之源，长时间熬夜往往使我们忘记补充水分，或者用各种饮料、啤酒或者咖啡来代替水，这非但不能补充水分的需求，还会加重缺水对身体的伤害。不管在何种场合，我们都需要及时饮用足量的白开水，来维持体内生化反应的有序进行。

其次，应该及时补充营养。

营养的均衡是支撑我们工作的基础。我们不能为了图方便而忽略了健康的膳食，我们需要每天及时补充营养，尤其是在熬夜之后。一些新鲜的蔬菜水果是熬夜之后的不二选择，例如蓝莓、芒果、胡萝卜等，这些能保护眼睛、减少视力的疲劳感。酸奶或小米粥、莲子粥、百合粥等能安神养胃，消除饥饿感。再或者泡一杯西洋参水、养生茶，调和身体，消除疲惫还能增强免疫力。

最后，应该及时补充睡眠。

当我们熬夜到凌晨三四点，实在困得不行再去睡觉，到第二天中午或者下午再起床，看起来我们已经睡得够多了，但醒了之后依旧很困，头晕乏力。这是生物钟紊乱造成的，熬夜在不断消耗我们的体力。对于上夜班的人来说，休息时间的合理安排至关重要，既然晚上工作了很久，就在白天的时候好好睡一觉，或者利用中午的时间午休一下，但这个时间不宜超过三个小时。如果发现自己的确有失眠的症状无法调整时，就要去找医生诊疗一下，听取他们的建议来调整作息。

影响清晨觉醒的“晚间时间表”

很多年轻人都知道良好睡眠的重要性以及睡眠不足的危害性，但仍旧没有毅力去改变自己的“晚间时间表”：应该睡觉的时候，还在吃东西、看手机、玩游戏；应该起床的时候，还在呼呼大睡。最后上班迟到了，上学也迟到了，而且一整天都没有精神。

可见，如何安排自己的“晚间时间表”，将决定自己是否能够拥有良好的睡眠，以及第二天清晨能否早起。每个人的“晚间时间”都差不多，区别在于有的人将“晚间时间”安排得井井有条，有的人却安排不当，最后影响了清晨觉醒。

西医认为，人体自带生物钟，什么时间睡觉应该根据人体的生物钟来断定。大多数成年人体内的生物钟，会在晚上10～11点之间出现一次低潮。也就是说，这段时间睡觉，更容易进入睡眠状态中。所以成年人的入睡时间最好早于这个时间点一个小时左右。

人体生物钟在早晨6点左右，会出现一次小高峰，这时是起床的最佳时间。不过，对于未成年人来说，他们的身心正处于发育阶段，睡眠时间需要更久一些，入睡时间也应该提前。

人体生物钟也不是一成不变的，它会根据每个人的作息时间做出相应调整，比如有的人习惯晚上11点后入睡，坚持了很多年，也没有感觉不适，说明他已经养成晚上11点以后入睡的生物钟。所以，具体的入睡时间应该根据每个人的年龄和作息规律来定。

前段时间，哈佛高才生李柘远在网上分享了自己在哈佛大学的一天日程。下面让我们来看看他的“晚间时间表”。

6：35pm ～7：20pm

晚餐时间。约不同的同学吃饭，不仅有哈佛的朋友，还有麻省理工学院、伯克利音乐学院的朋友。这是一个重要的“晚餐社交时间”，很多哈佛学子都会借此拓展自己的社交圈。

7：25pm ～7：45pm

晚餐后的这段“碎片化时间”，可以自由安排，比如做作业、听音乐、给国内晨起的家人打电话或者小眯一会儿。

7：50pm～ 9：50pm

高强度学习或者写作的时间：一个人走进图书馆，一摞书、一台笔记本电脑、一副耳机、一瓶水、一些补充能量的小零食，高度专注两个小时，绝不接受手机和其他人的干扰。

9：50pm ～10：10pm

又是一个“碎片时段”。在这二十分钟里，可以在图书馆松软的沙发椅上躺一会儿，不做其他事情，让身心得到完全放松。

10：15pm ～11：45pm

一天结束前的“最后忙碌”时段。由于在国内有自己的创投公司和项目，所以每天都需要抽出一定的“办公时间”，远程开会、和团队一道推进工作。

11：50pm ～ 12：00pm

零点前，应该对一天的学习和工作进行总结：哪些事情做好了，哪些事情留着明天继续做，一定要明确。

0：00am ～0：40am

一天中的“彻底放松时段”，将学习和工作中的所有事情，全部抛在一边。只读喜欢的课外书、看喜欢的电影、写写文章码码字、计划计划近期的旅行、和家人睡前联系一次，有时也会跟隔壁的同学打打手游（从不上瘾）或者网购片刻。

0：45am ～0：55am

洗漱一下，准备上床睡觉。睡觉前，会静思冥想一会儿，然后对世界说晚安。

虽然李栢远的“晚间时间表”被安排得满满当当，但他觉得自己很充实、也很有收获。而且，每天早晨6：30他都能够准时起床。他说：“我在学校时总能形成较稳定的生物钟。有时即使不开闹铃，也能在6：30前后不超过10分钟的区间内醒来。”

他醒来的第一件事情也不是赖床，而是伸个懒腰，然后快速做30个俯卧撑……

现在对比一下，你又是如何安排自己的“晚间时间表”呢？

你是否总爱睡前躺在床上看书或者看电视？这可能也是许多年轻人喜欢做的事情。虽然那样躺着会感觉很舒服、很惬意，但大脑会一直处于紧张状态，哪怕睡着了，也会被各种梦境所打扰。长此以往，还很容易出现神经衰弱的症状。

你是否总爱躺在床上胡思乱想，工作上的压力、学习上的压力、生活中的压力瞬间就将你淹没了。“想太多”的结果是越想越睡不着，甚至出现烦躁、焦虑、抑郁等情绪。很多年轻人长期失眠，就是因为内心压力太大，每天睡前都有“想不完的事情”。

你是否习惯在睡前玩手机呢？哈佛大学的研究人员发现，睡前只要使用两小时带有背光显示屏的电子产品，比如手机，就可导致褪黑素被抑制22%从而导致睡眠时间减少、睡眠容易被打断等问题。尽管如此，很多年轻人在睡前，仍旧放不下手机。

你是否会有睡前喝太多水、吃太多刺激性的食物的情况呢？如果睡前喝水太多，不仅会加重肾的负担，还会让失眠的人一次次起夜上厕所。另外，不当的饮食也会影响睡眠，比如酒类、油腻性的食物、含咖啡因的食物、辛辣的食物等。

以上这些“不良的晚间作息”，都会影响到睡眠质量。

哈佛教授查尔斯·蔡斯勒在腾讯青少年科学小会现场演讲时曾说："一是我建议每个人要有充足的睡眠，青年人需要8到10小时的睡眠；二是睡眠的时间点一定要有规律；三是需要高质量的睡眠，要在安静、舒爽的地方睡觉，这样才能避免作息紊乱。"

这些"小建议"值得每位年轻人学习与借鉴。

第九章

情绪自律有多难？先从对抗失控的惰性开始吧

高级策动人与低级行动者的“较量”

这是一个充满竞争的时代，也是高级策动人与低级行动者“较量”的时代。

高级策动人是指那些拥有远大梦想，并且勇于执行的人。而低级行动者，是指那些只会抱着梦想度日，而没有付诸于现实行动的人。梦想与现实之间，只差一个执行力而已！

所谓执行力，就是贯彻战略意图，完成预定目标的操作能力。在现实生活中，有的人做事总是小心谨慎，每次产生想法之后都要“深思熟虑”，觉得一切都准备就绪才行动；有的人却勇于行动，有了想法就大胆行动起来，而不是站在原地观望。

哈佛大学也很重视培养学生的执行力，哈佛教授除了讲解课题，还会让学生“马上行动”，将学习到的知识运用到现实生活当中去。哈佛学子也懂得执行的重要性，当他们有了自己的目标和计划之后，会立刻执行，而不会等待或者拖延。

如果一个人只知道站在原地等待机会，而不是自己寻找机会、创造机会。那么，最终会像《等待戈多》中的主人公一样，永远只是在等，至于有没有等到“戈多”，谁又说得清楚呢？

无论我们想做什么事情，想完成怎样的目标，都不应该等所有的条件都成熟了以后再开始行动，否则只会永远处于等待和拖延之中。低级行动者虽然拥有近乎完美的计划与实施步骤，却会因为拖延而停滞不前，甚至产生倦怠心理。

什么是倦怠心理呢？1974年，美国临床心理学家弗罗伊登贝格尔首次提出“职业倦怠”的概念，用来指人面对过度工作时产生的身体情绪的极度疲劳。2019年5月末，世界卫生组织将“职业倦怠”列入了国际疾病分类名单中，并将其描述为“未能被成功处理的、来自工作场所的长期压力”。

除了“职业倦怠”，日常生活中我们时常被倦怠情绪所困扰。它对于个人的身心健康及学习、工作中的表现，都会造成很大的影响。导致倦怠的因素有很多，比如忧郁、愤怒、悲观、焦虑、失眠头痛、学习和工作无效率、人际关系紧张等。

如果你也出现了以上这些情况，那么就得好好反思一下，是否在学习中产生了倦怠情绪，而且要明白：克服倦怠情绪的最好方法就是用梦想策动自己。

《拆掉思维里的墙》中有这样一段话：“如果你有一个梦想，那就去捍卫它；如果你有一个目标，那就去争取它。走起来！当你走在人生之路上，没有必要去羡慕那些走在高处的人，也没有必要轻视那些走在你后面的人。因为，成功不是生命的高度，成功是生命的速度。成功在你此刻的脚下，成功就是越走越近。”

美国保险业之父格莱恩·布兰德，在自己的著作《一生的计划》中也写道：“目标和计划是通向快乐与成功的魔法钥匙！有了明确的学习目标和计划，并把它们写下来付诸行动的人，他们将来的成就，是有目标和计划但仅停留在脑子里或纸上的人的10至50倍。”

一个完美的计划，如果只是坐而论道、光说不练，而没有被执行，也产生不了任何效果。如果不想成为“理论上的巨人，行动上的矮子”，不想成为低级行动者，就应该立即策动起来，稳扎稳打，按计划执行每一项任务、完成每一个步骤，一步一步走向成功。

那么，如何才能提高个人执行力呢？《哈佛商业评论》给出了三点建议：

1. 主动工作

对问题的“想执行”和“会执行”的践行，将执行变得更加自动自发。工作里的各种困难，也能因为这自动自发的思想迎刃而解。当我们执行一项任务时，各种问题也会随之而来。这时，如果我们充分发挥主观能动性和责任心，迎难而上，尝试各种办法解决它们，那么最终我们还是能圆满完成任务的；否则，面对困难一筹莫展、停滞不前，问题就还是问题，任务也还是任务，不能为它画上一个句号。

2. 敢于负责，注重细节

要圆满完成一项任务，就要把控好工作中的每一个细节。工作中的任何事，无论大小，都由我们的责任牵连，是压力，也是动力，其意义就是能把它做好，这一指标，需要我们自己去践行。所以，对自我执行能力的树立以及提高个人的责任心、进取心和提升个人品质自然也是我们的必修课。一边认真负责地工作，一边也要注重细节的把控。

3. 永不放弃

永不放弃指的是在工作中遇到任何情况，有挫折忍耐力，有压力忍受力，还有自我控制力和意志力。首先要求的是意志的坚强、对目标的坚持，不论是什么坎坷，都要坚持不懈地去克服、战胜它。

最后也要明白，一个人的执行力如何，通常会受到信念的支配。因此，哈佛校园一直流传着这样一句话：“你有什么样的信念，就会促成什么样的结果。”

如果我们从字面意思来解释“信念”二字，也会得到有趣的结果——“信”就是自己说过的话，“念”就是今天的心，“信念”就是“今天我的心对自己说的话”。

现在，你可以扪心自问一下：你是否还拥有自己的梦想？抑或被生活所埋没，将梦想深藏于心底，不敢轻易说出来，更没有为之付出行动呢？

年轻人最不应该缺乏的就是梦想，只要坚持自己的信念，并且勇于执行，持之以恒地付出努力，就一定能获得成功，成为高级策动人，而不是满足于当一名低级行动者。

能够飞上云霄的鸟，不仅仅是因为有羽毛

世界上有三种鸟：第一种展翅高空、翱击苍穹，在白云和彩虹中肆意飞翔；第二种滑翔低空，穿梭于树木之间；第三种游荡在地面，贪享着大自然的丰富馈赠。

虽然它们身材相似、结构相仿，都有着一身的羽毛，但并不是所有鸟都具备直飞云霄的能力。在漫长的进化过程中，有的鸟从地面飞向了天空，有的鸟则从天空落回了地面，这是环境的选择，也是种群的选择，更是欲望和意志的选择。

如果我们将人和鸟做对比，也可以将其分为三种：

第一种人，他们喜欢挑战不可能的事情，愿意为了领略更美的风景，心无旁骛地锐意前行到未知领域，无需外界的鞭策与鼓励便能自主行动，在天亮之前就已经追随着光明的轨迹，他们的情绪是饱满的、高昂的。

第二种人，他们习惯于按部就班的安稳生活，只接受与自己能力相匹配的事情，追求“更多、更好、更早”的欲望不甚强烈，“不求有功，但求无过”是他们的人生守则，重复的闹钟按时响起时，便开启了他们周而复始、一成不变的一天，他们的情绪是低沉的、麻木的。

第三种人，他们贪图安逸、怕苦怕难，做事常常畏首畏尾，即便是能力之内的举手之劳，也不愿意付之行动，更难以抵御不劳而获的诱惑，即便别人在一旁大声呼喝：“赶紧起床吧！你的梦想还没实现呢！你怎么睡得

着啊！”他们也会充耳不闻，哼哼一声，换个姿势接着睡去，他们的情绪是空虚的、萎靡的。

美国著名的成功学大师安东尼·罗宾斯说过：“人生就注定于你做决定的那一刻。”

凌晨四点半起床是一种决定，早晨七点起床是一种决定，上午十点起床也是一种决定。说到底，能否克服惰性影响了你未来的发展。

成功从来都不是一种偶然，它与超强的情绪自律能力是密不可分的。

2020年7月，美国有线电视新闻网（CNN）报道了一则寒门学子逆袭哈佛大学的新闻。18岁的黑人男孩里恩·斯坦顿在高中毕业后，生活逆境不断，迫于生计的他成为一名环卫工人，每天与一群社会最底层的人共事，然而正是这些人给予了他极大的鼓励：“你不应该满足于待在这里，只要你足够努力，完全能拥有不一样的人生。”于是他重拾学业，考上了马里兰大学，为了勤工俭学，他每天4点钟按时起床，风雨无阻地去上班清运垃圾，然后再去上课，下课后还要回到垃圾站继续工作。勤奋、坚韧与自律，不会辜负任何人，24岁的他终于收到了哈佛大学法学院的录取通知书，实现了人生的逆袭。

哈佛的精英人士有着不同的性格和气质，但他们身上有一种共同特质，那就是严于律己的勤奋，这使得他们无时无刻不显露出一种应对自如的从容感，仿佛一切尽在掌控之中，因为他们早在别人行动之前就做好了该做的事情，甚至做得更深入、更全面、更完美。他们并没有因为财富上的充足而选择清闲的生活，更没有荒废时光去享受生活，他们比普通人更努力、更自律。他们还会以一种无形的力量影响着自己身边的人，像领头的大雁一样，让他人在不知不觉中随从自己。这是一种人格的力量，只可意会，不可言传。自律，是他们不断获得进步和尊重的重要方式与途径。

犹豫、怯弱、冲动、敏感、懈怠、易变……这几乎是人类在情绪管理中的共同弱点。我们并不缺乏知识，也不缺乏才能，而是缺乏情绪的自律。不管一个人的天赋有多好，如果他不够自律，就没法最大限度地发挥出自己的潜能。

如果我们在遭受惰意侵袭不想起床时，严肃地告诉侵袭者“停止腐蚀我的灵魂吧！我必须要起床了”，而不是放任惰意来操控我们，给我们洗脑：“反正也没什么重要的事情要做，不如多睡一会儿，何必那么辛苦呢。”那么，成功终究会属于我们。

拖延到最后一刻的结果很可能是雪上加霜

知乎上有这样一个热门话题：当代年轻人的三大绝症是什么？

网友们纷纷作答，其中获得赞同数最多的是：熬夜、脱发和拖延症。这看起来像是一个冷笑话，却真实地反映了当代年轻人总爱拖延的坏习惯。

你是否也有这样的经历呢？每到假期老师布置作业之后，都觉得自己的时间足够多，只要几天就可以完成的作业，不必急于一时。这样一边安慰自己，一边打开电脑，叫上三五好友一起打游戏。到了假期的末尾，你终于下定决心要写作业了，可拿出书本不一会儿，又被朋友的电话叫出去玩了。这样拖来拖去，直到假期真正结束了，作业也没有做好……

哈佛大学图书馆的墙上有这样一句训言："不要将今日之事拖延到明日。"

很多人身上都有拖延的"毛病"，它不仅会对我们的生活、学习和工作造成负面影响，还会影响到我们的情绪，成为阻碍我们成功的绊脚石。

英国作家狄更斯曾经说过："永远不要把你今天可以做的事留到明天做。拖延是偷光阴的贼，抓住他吧！"我们看到那些总是在抱怨时间不够用的人，往往是最不会珍惜时间的人。他们事事拖延，从来不知道什么是有效的行动力。

现代心理学将拖延症定义为一种自我调节失败行为，也就是在自己能够预知后果有害的情况下，仍然无法按计划完成任务。拖延症是一种十分普遍的症候，它对于个人的身心健康会产生很严重的影响，比如出现强烈的自责与负罪感，还会对自我产生怀疑，并且伴随着抑郁、焦虑等心理疾病。如果拖延症出现在政治、军事、管理等重大问题上，比如重大的决策拖延、处理危机的拖延、解决问题的拖延等，则会造成无法想象的严重后果。

由于拖延的时间基本都用来做了无意义的事情，所以很多人都认为拖延是由于懒惰贪玩造成的，其实它并不是因为懒惰这么简单。对于拖延者来说，他们的内心会纠结很多事情，在面对内心的焦虑时，他们又会无意识地采取拖延行为来逃避面对事实，甚至可以说拖延本质上是为了避免内心的冲突及焦虑的手段。这样一来，他们就陷入了“焦虑→拖延→焦虑”的恶性循环中，因拖延而产生焦虑，又因焦虑而拖延。

拖延症可以分为消极拖延和积极拖延两种。在一般人看来，拖延症只是一种自我调节失败以及自我设限的不正常行为，但实际上并不是一切拖延行为都是有害的。一般意义上的消极拖延总是不能快速采取行动、不能按时完成任务，而积极拖延则是故意做出拖延行为。积极拖延患者会喜欢高压之下的工作，他们总会故意拖延到最后才开始行动。

虽然消极拖延和积极拖延有很多相似的地方，可是在控制时间、自我效能、应对方式等方面截然不同。

年轻人还有两种最典型的拖延“症状”：一是内心纠结于做与不做，直到筋疲力尽，始终没有做好决定；另一种是表面上风风火火，好像做了许多，事实上做的都是细枝末节的小事，最重要、最应该去做的事情却一拖再拖，抛之脑后。

很多拖延者都会有这样的心理变化——假如工作任务十分紧迫又无从下手，内心就会十分焦躁，可是如果可以暂时放下手中的工作任务，内心又会立刻变得轻松愉快起来。因为暂时摆脱了压力，即使拖延也会让人感到无比轻松，就算只有几分钟也是美好的享受。

换一个角度来说，拖延症也是一种自我的反抗行为，由于反抗自我而导致一拖再施。

一个人想要独立思考是很困难的事情，附和随从使人变得平庸，如果想要获得成功，就必须异于众人。不过要反抗环境并不是一件容易的事情，于是反抗成为我们潜意识中一直想去做的事情。如果说听从老板的安排，按时完成任务就是一种顺从环境的表现，那么拖延行为足以告诉众人，你有多么与众不同。人是很矛盾的，一方面受到从众心理的影响，尽量想让自己的言行和大家一样；一方面又希望自己与众不同，不被环境所影响。

心理学家丹·艾瑞里曾说："你怎么样我不清楚，但是直到今天，我还没碰到一个从不拖沓的人。遇见麻烦就往后拖，'明日复明日'的现象随处可见，无论我们怎样痛下决心、自我克制，一次又一次痛心疾首地矢志自新，但是克服拖沓恶习实在太难，难得无法想象。"

可见，一个人对于自我的坚守与反抗都深植于内心，拖延也并非一朝一夕能够改变的事情。但无论如何，拖延都是一种不好的行为，我们必须想尽办法去克服它。要知道，拖延到最后一刻的结果很可能是雪上加霜，最终因为拖延的事情太多而让自己处于崩溃的边缘。

设置专属触发物，走出三分钟热度的怪圈

成功者身上有很多种品质，其中一种便是懂得坚持，不轻言放弃；失败者身上也有很多种“品质”，其中一种便是“三分钟热度”，做事总是半途而废。

人的劣根性之一就是好逸恶劳，所以很多年轻人都有过这样的经历：

“新年伊始，笔记本上写满了各种宏伟的计划，可才坚持几天就放弃了。”

“前一天才下定决心要减肥，可一看到美味的食物放在自己面前，就抵挡不住诱惑了。”

“新买的一本书，放在床头好几周了，现在也没有翻动一页……”

很多年轻人都曾立下雄心壮志，但最终都没有走出“三分钟热度”的怪圈。

“三分钟热度”是中国人时常挂在嘴边的一句俗语，指一个人做事不专心，不能坚持到底，总是半途而废的一种状态。为什么年轻人很容易陷入“三分钟热度”的怪圈呢？

除了人的本性之外，还与时代文化、社会环境、外界影响等多种因素有关。一个人想要保持长久的热情与动力确实不容易，因为当我们做一件事情、执行一个计划时，内心都会产生一定的期望值。如果付出一定的努力之后，没有得到相应的回报，就很容易因为失望而放弃努力。这也是很

多年轻人容易陷入“三分钟热度”的主要原因。

从小到大，父母和老师说得最多的一句话就是“坚持，坚持，再坚持”，只有坚持到底，才能取得好成绩，只有努力了才能找到好工作，过上好的生活。

不过，现实世界令很多人措手不及，甚至难以接受。在现实生活中，有人刻苦学习，不分昼夜地背诵课文、单词和语法；也有人成天玩乐，做什么事情都只有“三分钟热度”……

可想而知，这两种人最终会有怎样的回报。

一个人是否能战胜困难，顺利解除危机，往往取决于这个人有没有坚定的信念，有没有为了成功而坚持下去的决心。只有决心把事情做好时，我们才会拿出更多的热情，全身心地投入，决不轻易放弃，哪怕前面看起来真的无路可走，也要勇敢地走下去。这不是盲目，而是一种执着的求索精神，在这种精神面前，所有的困难和危机都将渺小起来。

相反，如果做任何事情都只有“三分钟热度”，学习知识浅尝辄止，做事情半途而废，又如何能够真正地学到知识、做好事情呢？如果只有“三分钟热度”，只是在短期内多次尝试，然后放弃，然后又再次尝试，那样只会让自己的自信心受挫，甚至陷入自我怀疑与自我批判的恶性循环之中。如果你的坚持没有得到任何回报，只能说明你坚持的时间不够长久。

今天你坚持下去，继续为明天的目标努力，克服心理上的懒惰，一步步实现自己的目标，那么今天的你就是成功的。今天是明天的基础，今天的事情做好了，明天才有可能成功。所以，你要继续努力，决不能习惯失败，路是自己选的，即使再苦再累，跪着也要走完。始终要记住，一旦在路上，就要一直坚持下去，直到梦想实现为止。

有的人之所以获得了成功，笑到了最后，就是因为他们有一种永不言弃的精神。即使自己失败了，也永远不放弃重来的机会，如此一步步靠近目标，一点点获得成长，最终厚积薄发，站在了人生的顶峰。在遇到困难的时候，要学会迎难而上，这才是成功者的个性，见难而退则不会有希望。

那么，作为年轻人，如何才能走出“三分钟热度”的怪圈呢？

1. 养成坚持到底的好习惯

心理学家认为，人类会在“21天养成一种习惯”。在这个过程中，人类不仅会建立一种固定的行为模式，还会形成一种固定的神经元模式。如果神经回路连接得越紧密，那么行为习惯化的程度就会越高。一般来说，一个习惯对应的神经回路不可能突然就消失，也不可能突然就建立。因此，我们要给自己一点时间，让新的神经回路慢慢战胜旧的习惯，只要懂得坚持和循序渐进，就能逐渐养成坚持到底的好习惯。

2. 不要过分看重事情的结果

很多事情之所以坚持不下去，往往是因为畏难和太在意结果。畏难是人的天性，因为坚持的疲惫与苦楚是实实在在可以感受到的，坚持的收获与快乐却不能立竿见影。还有人太在意结果，在遇到困难与挫折时，便感到特别焦虑，生怕自己完成不了目标。这种恐惧、焦虑的心理，同样会促进他们早早地选择放弃。

3. 设置专属触发物

设置专属触发物，同样可以帮助你坚持下去，并且会让你更具行动力。比如早上总想睡懒觉，可以设置一个闹钟。当闹钟响起的时候，便会触发你的“起床神经”；再比如学习倦怠的时候，可以看看以前的奖状、满分的成绩单等，将它们作为触发物，能够让人重新获得学习的动力。

成功是一个由量变到质变的过程，在这个过程中需要你一如既往地坚持，才能看到最终的胜利。很多人往往在成功的前一步突然放弃，因为一连串的打击和折磨让他们看不到希望，产生了错误的判断，其实他们只要再多坚持一下，就能获得成功。

人生每一个目标的实现都不可能一帆风顺，生活中的磨难并不比机遇少，特别是当你接近成功的时候，磨难会越来越多，你的斗志也会在漫长的旅程中越来越薄弱。这个时候，如果你没有坚定的信念，就没有办法继续坚持下去了。

记住：成功就是再坚持一下！这也是哈佛人直面困难的秘诀。

停止无效自省，找到突破自我限制的关键窗口

有的人总爱抱怨：为什么我拼命学习，最后的成绩却很不理想？为什么我努力工作，最后的业绩却不尽如人意呢？其实，一个人的成功大多取决于内因，而失败也取决于内在的缺点。

一个人想要获得成功，就要学会自省，不断反省和总结，不断改正自己的错误。所谓“自省”，就是转过身来省察自己，检讨自己的言行，看自己有哪些地方做得不好、哪些地方可以改进等。正如哈佛大学的埃得平卡斯教授所说：“反省是一面镜子，它将我们的错误清楚地照出来，使我们有改正的机会。丢掉了这镜子，浑身污垢的你就丧失了清洁自己的参照物。”

人为什么要自省呢？一是客观原因。我们不能只通过自己的判断力，对自己做出评价，而应该“内外结合”，将自己的看法与他人的看法结合起来评价自己。不过在现实生活中，由于各种原因，人们不一定愿意吐露心声，哪怕看到你做错事、说错话，也会缄默不语。因此，我们需要通过自我反省来了解自己的所作所为。二是主观原因。人不可能十全十美，每个人或多或少有一些生理或心理上的缺陷，尤其是年轻人，由于缺乏社会经验，很容易说错话、做错事、得罪人，如果缺少自省，就无法看到自己的缺陷与不足，更谈不上成长与进步了。

哈佛大学的赫拉·哈来德教授说：“有意义的人生在于时时审视自己，

人在内省中常常会发现什么是最珍贵的。所以，没有经过自省检讨的人生，是没有价值的。”

生活中，很多人都将失败归因到外界事物上，而不懂得反省一下自己。一个人的失败肯定有多方面的原因，我们既要认清外界因素，也要学会自我反省。

当然，如果只是反省也是不够的，就像知错不改一样。没有反思、没有改正、没有获得经验与进步、没有突破自我限制的反省，都是无效的反省。

有效的反省，应该能够帮助我们突破自我限制的关键窗口，给我们带来经验与启发。

很多人都觉得这个世界不公平——别人花一天时间就能做好的事情，自己要花十天时间；别人花一年就能获得巨大的成就，自己却需要花十年时间。

其实，这并不是个人能力上的差距，而是心理高度上的差距。每个人都会在心中默认一个“高度”，这个“高度”会起到暗示的作用，从而影响到自己的行为。

很多人习惯自我设限，在真正去做一件事情之前，先在自己心里设置各种障碍。

人生最大的“敌人”并不是别人，而是自己。当你把问题看得无限大时，就再也没有能力去解决它了。而懂得突破自我限制的人，从来不会给自己设限，再大的问题在他们看来都是小事。所谓自我设限，就是外界没有限制的时候，自己的内心却竖起了高墙，阻碍自己的行动，故步自封，不敢有任何逾越。

你的人生所能够达到的高度，往往就是心理上为自己设置的高度。那么，如何才能突破自我限制呢？最有效的方法就是时常反省自己，在错误中总结经验，在失败中汲取力量。

在每个人的成长路上，都会有各种各样的际遇，错误和失败也是难以避免的。

当错误与失败不可避免地发生时，我们要学会反省，学会从错误与失败的际遇中获得经验，让自己的能力得到提升。有时犯错和失败也能让我们获得进步。

诺贝尔文学奖获得者莫言曾经说过：“人不怕犯错误，犯了错误，如果能带着教育和反思爬起来，错误就会成为课堂。”每个人都有犯错的权利，犯错也是成长路上不可避免的。你可以允许自己犯错，但是不能允许自己犯相同的错误。

除了犯错，失败也是年轻人必须面对的事情。什么是失败呢？失败就是预先设定的目标没有达成、在生活或学习中遭受打击、陷入各种困境中等。

当错误或者失败出现时，你不应该慌张、害怕、不知所措，而应该在错误中总结经验、在失败中汲取力量。你一定要相信，错误和失败也能带来成长。这也是突破自我限制的力量！

爱迪生曾经说过：“失败也是我需要的，它与成功对我一样有价值。”

哈佛“幸福学”导师泰勒·本·沙哈尔也说过：“每个人必须经历蹒跚学步才能走出优美的步伐，每一粒沙都要经历千辛万苦才能成为珍珠。同样，每个人也要经历无数次失败，经历失败之后的坚持不懈，才能够到达成功的彼岸。”

失败是每个人成长之路上都会遇见的“不速之客”。这个世界上没有人喜欢失败，可是又无法拒绝失败。很少有人能够潇洒地告诉自己：“失败是成功之母。”因为这是一句苦涩的安慰，更像是自我欺骗。大多数人在失败之后，便选择了放弃，很少会给自己重来的机会！

有的人之所以获得了成功，笑到了最后，是因为他们有一种永不言弃的精神。即使自己失败了，也永远不放弃重来的机会，如此一步步靠近目标，一点点获得成长，最终厚积薄发，站在了人生的顶峰。一个人只有时常反省自己，屡战屡败，屡败屡战，才能找到突破自我限制的窗口，最终取得辉煌的成就。

化解“星期一综合征”的五个方法

哈佛大学流传着这样一种说法：一个人能否获得成功，完全取决于他在业余时间是否足够勤奋！如果你能够每晚抽出两个小时来阅读书籍、学习功课、参加一些有意义的讨论或者演讲，那么你就会发现自己的人生正在发生质的改变。

同样的道理，如果你能将周末的时光利用起来，坚持几年也会有巨大的进步。

然而，在现实生活中，大多数年轻人的周末，又是如何度过的呢？

有人超额完成了学习任务，有人顺利通过了游戏关卡；有人从书中学到了全新的知识，有人抱着手机刷了一天短视频；有人轻松地完成了所有作业，有人把作业拖到了周一早晨……如此种种，不自律的学生在周末随意放飞自我，时间和精力都白白浪费掉了。相反，合理安排周末时光的学生，不仅精力充沛，而且成绩节节高升。

经过周末的“休整”，有的学生收获满满、进步明显；有的学生却患上了“星期一综合征”：要么迟到，要么一整天都无精打采。

“星期一综合症”原本是指上班族在星期一表现出的疲倦、胸闷、精神萎靡等症状。后来发现，年轻的学生们在星期一上课时，也会出现类似的症状。

上班族出现“星期一综合征”，是因为周末过分消耗体力，过度放松自己，以致星期一重新回到工作岗位上时，出现各种“不适应”的现象。

学生出现“星期一综合征”，不外乎以下两种情况：

1. 有的学生周末要参加各种培训班，没有时间放松身心，因此精神萎靡不振。

2. 周末没有安排好时间，过度玩乐，比如看电视、玩游戏的时间过长，将作业都留到周日晚上，结果影响了睡眠，直接打乱了生物钟。

在哈佛大学，学生们的周末同样被安排得满满当当，但是哈佛学子能将自己的生活、学习、社交和玩乐的时间安排得井井有条。虽然学生们拥有的时间很有限，但他们总能兼顾生活、学习、社交的平衡。这缘于哈佛学子的自律精神——什么时间应该学习、什么时间应该睡觉、什么时间应该起床、什么时间应该玩乐……他们都能控制到位，该做什么的时候就会做什么，绝不超时或拖延。

每个人都拥有自己的周末时光，也都要在周一踏入学校或者办公室——除非你还是一个婴儿，或者整天无所事事的人，不然大家的生活都差不多。为什么有人能够安排好周末，让自己始终保持精神抖擞的状态，有的人却会患上“周一综合征”呢？

原因就在于每个的“自律”能力不同。

哈佛大学作为全球顶级学府，一直强调培养学生的自律性，因为在复杂多变的社会环境中，只有懂得自律的人才能脱颖而出，成就王者风范。如果缺乏自律，不知道在什么时候应该做什么事情，自然无法安排好自己的周末，最终患上“周一综合征”。

那么，如何才能化解“星期一综合征”呢？以下五个方法可供参考：

1. 周末科学合理安排

对周末的活动安排要科学合理，过完忙碌的一周，我们正需要好好地休息。尤其是工作日前一天晚上，千万不能熬夜太晚，这样能够保证我们在次日的工作中精力充沛。工作之余，我们能用这些时间去和朋友聚个餐、看望一下父母亲戚，而不是彻底地放飞自我，否则我们就会觉得周末甚至过得比平时上班还累。

2. 运动能让人充满活力和热情

当我们全身心投入到运动之中时，可以让我们暂时忘记身边的麻烦事。你不妨在早上起来，稍微活动一下身体，出去跑跑步或者在家里做做操，让自己的心灵和身体真正苏醒。在运动的过程中，我们也能释放压力和一些不良情绪，经常运动也能降低一些慢性病发生的概率。

3. 早餐必不可少

一顿好的早餐能让我们在上午的工作里快速进入状态，所以，每天都不能忽略早餐，而且要认真对待。根据医学研究，早上吃低脂肪、高蛋白质的食物是最好的。蛋白质能够增加肾上腺素的分泌，让人注意力集中，而低脂的食物也能减少身体的负担。但到了中午，就大吃一顿为自己的身体打打气吧。

4. 适当休息可以放松身心

忙碌的工作之后，一些放松活动可以帮助我们快速消除工作带来的疲惫感。

我们可以坐在沙发或躺椅上，将休息的信念传递到身体的各个部位。这个时候，大脑什么都不要想，可以再听一些轻音乐，让自己打个盹或者做做眼保健操。在身体松弛之后，伸个懒腰活动活动筋骨，再或者吃点小零食喝杯咖啡，将元气打满，精力十足。

5. 周日提前入睡

充足的睡眠是工作能够有序进行的条件，有的人习惯了在假期晚睡，或者白天比较兴奋，到了晚上根本睡不着。这时，我们不妨尝试提前35～40分钟躺在床上，闭上眼睛冥想一下，或者洗个澡放松放松，这样能帮助我们尽快入睡。如果你还有赖床的习惯，不如在晚上提前做好第二天的准备工作，这样能缩短我们早上的准备时间，可以让我们在睡醒时分缓一缓神。

利用反馈环，实现从自控到自律的跨越

“反馈环”原本是物理学中的概念，指两个以上的反馈点所形成的反馈回路。根据反馈环的方式，又可以分为“正反馈环”和“负反馈环”。

简单来说，“正反馈环”就是强化自身的行为，“负反馈环”就是收敛自己的行为。

如果将“反馈环”的概念放在人类身上，同样容易理解：“反馈环”就是两个以上的人对我们提出的各种反馈。

正反馈环就是那些给予我们正面评价的人，通过他们的反馈，我们认识到自身的优势以及自身行为的正确性，从而不断强化自己的这些行为。负反馈环则是指那些提出意见和建议的人，通过他们的反馈，我们认识到自身的不足，开始收敛自己的行为……无论是正反馈环，还是负反馈环，都能帮助我们更好地自省、更好地自控，进一步实现从自控到自律的跨越。

哈佛商学院的克莱顿·克里斯坦森教授曾写过一本畅销书《你要如何衡量你的人生》，书中提出了一个很重要的人生问题：从自律到幸福的唯一捷径是什么？

克莱顿·克里斯坦森曾五次荣获“麦肯锡最佳论文奖”，还被《哈佛商业评论》排在“当代50名最具影响力的商业思想家”排行榜的第一名，与此同时，他还是一位畅销书作家。

2010年，身患癌症的他在哈佛毕业典礼上做了一次精彩的演讲。《你要如何衡量你的人生》就是以此为基础创作出来的。克莱顿·克里斯坦森希望在自己直面死亡的过程中，能够将MBA（工商管理硕士）课程理论运用到人生规划及生活中。

在《你要如何衡量你的人生》一书中，他把一个人成功的基础放在自律上，从自律到幸福生活的过程则需要三个步骤：争取事业成功，家人、朋友关系和谐以及坚持正直。

《你要如何衡量你的人生》最与众不同的地方，就是教会我们如何进行思考，而不是告诉我们答案是什么。一个人应该拥有怎样自律的生活准则？如何将自律转化为幸福？这些问题都需要自己去寻找，用克莱顿·克里斯坦森的话来说就是："解决生活的基本问题并不存在所谓的特效药和快速方法。"从自律到幸福的正确途径究竟是什么？还需要自己去思考……

生存的第一大难题就是如何克服自我障碍并且养成自律的好习惯。但人通常无法看清自己，无法对自己做出客观、公正的评价。因此，每个人都需要他人的反馈，需要众人形成一种"反馈环"，这样才能看清自己，才能实现从自控到自律的跨越。

反馈不仅是人际沟通中的重要环节，更是管理学的重要课题。

《哈佛商业评论》上曾经刊发过一篇文章《反馈的谬误》。文章中指出了一个很重要的问题：究竟什么才是最好的反馈方法呢？文章中明确指出，大多数的反馈不仅不会帮员工做得更好，反而会给他们的发展带来阻碍，为什么呢？

因为反馈者给出的评价或建议，仅仅是他的"个人看法或个人经验"，并不一定适用所有人。而且，在反馈过程中，反馈者更倾向于评价自己，而不是评价对方。

如果站在寻求反馈意见者的位置上来说，得到过激的反馈或者遭遇负面评价时，他们往往难以接受和消化。有时哪怕反馈是正确的，他们也只想逃避，更不可能做出改变。

现实生活中，你是否也有过这样的经历——在请教完他人之后，反而更加迷茫了。

那么，什么样的反馈才是最正确、最有效的呢？

《反馈的谬误》中说道：好的反馈不是指出对方的缺点或者直接教对方怎么做，而是激发他调动自己独特的才能去推动事情的进展。具体说来，好的反馈有三大特征：

特征一：能够调动你的乐观情绪

正在寻求反馈的人，通常有问题需要解决或者正处于困境之中。对他们来说，能够调动他们乐观情绪的反馈，才是好的反馈。因为只有先让他们产生乐观的情绪，才能促使他们更乐于接受全新的解决方法甚至是一些负面的反馈。

特征二：能够帮助你回溯过去，找到问题根源

如果问题难以解决，反馈者也没有更好的建议，那么可以让寻求反馈的人回忆过去的经历——以前遇到类似的问题，是如何解决的，比如具体的想法与行动。这样的反馈能够帮助他们找到问题的根源也能够帮助反馈者更全面地看待问题。

特征三：能够提前设想结果，导向行动

当寻求反馈的人不知道下一步应该做什么的时候，反馈者可以根据自身的经验，让他们提前设想结果，并以此作为行动导向。这时候的反馈者是以“过来人”“引路者”的身份提出建议和意见，这些意见和建议也更容易被认可、被接受。

总之，面对他人的反馈意见，不能“照单全收”，而要学会甄别——哪些反馈是公正客观的，是对自己有益的；哪些过于主观，不必太过在意。在众人形成的“反馈环”中，我们能够更好地认清自己的优势与不足，从而更好地实现从自控到自律的跨越。

保持危机感，“可预见的结果”才是成功的真正起点

投资未来与忠于现实并不冲突

每年入学季，哈佛大学都会迎来无数考生。对于面试官来说，这些考生成绩优异，各方面能力也比较强，想要对他们进行“优胜劣汰”，甄选出最终的“幸运儿”，实在不容易。

不过，在众多评测项目中，面试官尤为看重学生有没有长远的眼光、是否懂得投资未来、是否有明确的投资方向。也就是说，面试官想知道学生有没有及早地设定自己的人生目标。如果没有人生目标，又如何去规划自己的人生？如何一步步走向成功呢？

面试官之所以很看重这一点，是因为多年前哈佛大学做过的一个实验：

有一年，哈佛大学送走了一批“特殊”的毕业生。

他们拥有相差无几的智商、学历、出身以及教育背景。他们的“特殊”之处在于走出校门前，哈佛大学对他们进行了一次关于人生目标的调查。

调查的结果显示：有27%的毕业生没有目标；60%的毕业生拥有模糊的目标；10%的毕业生有清晰但短期的目标；只有3%的毕业生拥有清晰且长远的目标。

时间过了25年，哈佛大学再次对这批“特殊”的毕业生进行跟踪调查，结果显示，那3%拥有清晰且长远目标的毕业生，在25年间朝着同一个方向不懈努力，几乎都站在了社会的顶层，其中不乏行业精英和政坛领袖；那10%拥有清晰但短期目标的毕业生，大多成为各行各业的专业人才，他们站在社会的中上层；那60%拥有模糊目标的毕业生，大多安稳地工作与生活，并没有什么突出的成就，站在社会的中下层；而那27%没有目标的毕业生，生活中始终没有找到目标，过得很不如意，经常怨天尤人。

这些“特殊”的毕业生走出校门时，差别不大，但经过25年的磨炼，却站在了不同的社会阶层，为什么呢？答案就在于目标——有人善于投资未来，拥有明确且长远的目标；有人却很盲目，目标模糊，甚至没有目标。

可见，只有那些目标明确且长远、懂得投资未来的学生，才能得到哈佛面试官的青睐。一个人能否早早起床、能否坚持学习、能否努力工作、能否朝着正确的方向前进，都和自己拥有怎样的目标息息相关。

如果有明确且长远的目标，对未来有所规划，便能一步步超越自我，不断靠近成功；相反，如果目标模糊，甚至没有目标，则会陷入一种空虚无聊的境地，每天不知道要干什么，对未来也一无所知。因此，你要像哈佛一部分学子一样，有目标、有方向，懂得投资未来。

1. 长远目标会成为人生的“导航”

无论一个人拥有怎样的梦想，想要成为怎样的人，想要做什么事情，都应该拥有明确的长远目标，对自己的未来有所规划，知道自己应该朝着什么方向前进。

长远目标也不是空洞的口号，或者不切实际的梦想，而应该具备实现它的基本条件。长远目标也不是一成不变的，而是跟着自己的能力变化而变化、跟着环境的变化而变化、跟着趋势的变化而变化，比如初中时给自己定下的目标是考上省级重点高中；高中时给自己定下的目标是考上国家重点大学……这样改变目标，不断进步，不断成长。

有了长远目标，才能朝着正确的方向前进，才能自我提升和自我进步。因此，要学会给自己制订一个长远目标，然后将它分解成若干个阶段性目标——这些阶段性目标可以不断更替交叠，每达成一个小目标，都能够获得成长的动力，并且时常获得达成目标的成就感。

2. 短期目标让你忠于现实、稳步前行

美国管理大师拿破仑·希尔曾经说过："目标，必须是清晰而具体化的。"

大多数人在面对较大、较难的长远目标时变得迷茫，不知道如何下手，甚至望而却步。这时候，如果能够利用目标分解法，将长期目标分解成若干个阶段性目标，比如中期目标、短期目标以及每周、每天的小目标，执行起来就会变得容易很多。

那么，应该如何给自己制订阶段性目标呢？方法很简单，就是将大的总目标，分解成若干个分目标，比如大的总目标是"期末考试成绩进入前三名"，那么分解成若干个分目标可以是"半学期之内每门功课分数达到90分""一个月内需要完成哪些学习任务""一周之内需要掌握多少知识量""今天要学好哪些课程""一节课上要做多少题目"等。

从每天的小目标做起，一步一个脚印，逐步完成每周的目标、短期目标、中期目标和总目标，这样化繁为简的目标递进法，更能提升学习效率，不易产生懈怠的情绪。

不过，每个人的时间和精力都十分有限，因此要制订有限的阶段性目标，比如列出十几个重要的阶段性目标之后，还必须根据目标的优先级进行排序，要保证最先完成最重要的目标，用最少的时间和精力换回最大的产出，而不是毫无重点，胡子眉毛一把抓。

另外也要明白：阶段性目标的动力和指南都来源于长远目标，所有的阶段性目标都是为长远目标服务的。如果发现自己正在做的事情，与长期目标相悖，就要及时进行调整。这样才能沿着阶段性目标，一步步靠近最终的长远目标。

中国人讲究"凡事预则立，不预则废"，这句话说的便是制订目标的重要性。有了明确的长远目标，对未来有所规划，才能朝着正确的方向迈进，不断自我提升和自我进步。

美国作家梅格·杰伊在《20岁，光阴不再来》中写道："二十到三十岁这区间，是人生决定性的十年，如果你想少走弯路，步入中年后不为过去

的青春时光后悔，我们就必须刻意经营，加上一些有用的咨询……”这正是现在年轻人所缺少的东西——人生规划。

其实，对那些早早起床、奔走在奋斗路上的人来说，投资未来和忠于现实并不冲突。他们有明确且长远的目标，有良好的人生规划，每向前走一步，都是在投资未来；他们也有自己的阶段性目标，这些目标告诉他们，现在应该做什么，这是忠于现实。

哈佛面试官所青睐的，正是这种既懂得投资未来又忠于现实的学生。

只有1%的人能看到明天会发生什么

如果有人问你：明天会发生什么，你会如何回答？

明天，对任何人来说都是一种未知。谁都无法完全、绝对、确切地说出明天会发生什么，因为很多事情都存在一定的“变数”，而任何一点改变都会影响到“明天”。

这个世界上恐怕只有1%的人能看到明天会发生什么。这源于他们自身的能力，源于他们对事物、对时间的掌控感；剩下99%的人，对“明天”则存在着更多的不确定性——他们能够预测明天会发生一些事情，但“不确定”的事情更多。

美国作家布洛克曼写过一本名为《未来50年》的畅销书。书中汇集了世界上最有远见的科学家们未曾发表的25篇文章，文章的内容包含对未来50年的天体物理学、数学、心理学、计算机技术的预测。关于未来50年，世界会发生怎样的变化，你能想象得出来吗？

《未来50年》中有一篇文章“预言”：未来50年可能会诞生“非生物智能”，也就是肉体与机器的结合体，这种天马行空的想象却是有一定的科学依据的，而非天方夜谭。

关于未来，人们只能去想象、去推测，却难以给出确切的定论。因为不可定论，所以就有了各种可能性。什么是可能性呢？就是事物发生的概率，包含在事物之中并预示着事物发展趋势的量化指标，是客观论证，而非主观验证。对我们每个人来说，未来存在各种可能性，甚至连明天会发生什么，我们都不敢轻易断言。

“明天”既是美好而充满希望的，又是残酷而充满不确定性的。

我们可以抱着对明天的憧憬，早早起床，努力奋斗；我们又不得不做好“万全的准备”，应对随时可能发生的“意外情况”。有句话说得很好：谁都不知道明天和意外谁先来临。

这不是一种杞人忧天的想法，而是一种忧患意识、一种危机管理能力。

中国有一个成语叫“未雨绸缪”，它说的是一只云雀和一只鸱鸮的故事：

夏至的一天，阳光从树叶间洒落下来，鸱鸮躺在树枝上晒太阳，云雀却在补巢。鸱鸮觉得很好奇，便问云雀：“今天的天气多好啊！阳光明媚，晴空万里，你不来享受这美好的时光，去做那些毫无意义的事情干什么呢？”

云雀说：“我也很喜欢这样温暖的阳光，也希望以后每天都是这样的好天气，可是天有不测风云，夏季多雨，如果突然下雨了怎么办呢？所以，在晴天我也想先巩固我的巢穴，做好最坏的打算，这样才不会有后顾之忧……”

鸱鸮认为云雀完全是想多了，外面天气这么好，又怎么会下雨呢？

傍晚时分，天空中突然涌来许多乌云，不一会儿便是狂风暴雨。

鸱鸮慌乱地回到自己的窝里，发现巢中到处都是破洞，到处都在漏雨，自己的孩子也被淋成了落汤鸡。云雀却不慌不忙，因为自己的巢穴十分稳固地挂在树枝间，滴水不漏。

由于雨势越来越大，鸱鸮的巢很快被洪水冲走了。

它哭丧着脸对云雀说：“我现在无家可归了！”

云雀回答：“谁让你不知道未雨绸缪呢？”

现实生活中，几乎人人都听过这个关于云雀和鸱鸮的故事，可并不是人人都拥有云雀那样的忧患意识。当“明天”变成一个未知数的时候，如果像鸥鸮一样，只懂得享受当前的安逸而看不到事物的长远发展，只看到希望而看不到危机，最后只会一败涂地。

相反，如果能够在“明天”的各种不确定性中保持“未雨绸缪”的心态，凡事做好最坏的打算，才能有备无患，积极地面对每一个充满未知与可能性的“明天”。

诗人海子曾说：“从明天起，做个幸福的人，喂马、劈柴、周游世界；从明天起，关心粮食和蔬菜……”对于明天，我们应该像海子一样充满希望、充满憧憬，朝着自己的梦想前进。同时，也要懂得未雨绸缪，在抱着最大的希望的同时，也要做好最坏的打算。

这样，当“意外”发生时，我们才能不慌不忙、从容应对。

过于乐观的幻想，反而会消解行动力

长期以来，教育界都重视培养学生的乐观精神。因为乐观的心态，确实能给很多人带来益处，比如相信事情会往好的方面发展，相信未来充满希望，相信梦想可以成真……这样积极的心理暗示，往往会让我们拥有积极的心态与行动，最终得到更好的结果。

哈佛大学公共卫生学院的劳拉·库布青斯基指出："乐观与健康之间的联系已经变得越来越明显了。较乐观的人能够更好地调节自己的情绪和行为，并更有效地从压力和困难中恢复。"她对69 744名女性随访了10年，对1 429名男性随访了30年，分析了各种数据之后，才得出了这样的结论——保持乐观有助于人长寿。

这不就是中国人所说的"笑一笑，十年少"吗？

乐观是一种心理特征，指的是对事物的总体期望偏向正面，比如相信好事肯定会发生在自己身上，相信自己一定能够战胜困难、走出困境等等。这样的积极心理暗示，确实对我们大有好处，至少能够给我们带来心理上的安慰与行为上的激励，但凡事过犹不及——如果一个人总是抱着过于乐观的幻想，反而会消解行动力，最后变成"温水里的青蛙"。

19世纪末，美国康奈尔大学做过一个著名的"温水煮青蛙"实验：

实验者把青蛙放在温水中，青蛙优哉游哉地游荡，最后在缓慢升温的水中安然死去。这个实验也告诉我们一个道理：人不能过于乐观，而要有一定的“危机感”。

为什么有的人会过于乐观呢？原因主要有以下两点：

1. 过度自信

人应该有自信地活着，但自信不能过头，否则会让自己变得盲目。

在现实生活中，很多人会自信过头，高估自己完成任务的能力，而且这种高估会随着人在任务中的重要性而增强，其中多数人会对未来事件抱有不切实际的乐观。

心理学家昆达早在1987年便发表论文指出：“人们期望好事情发生在自己身上的概率高于发生在别人身上的概率，甚至对纯粹的随机事件有不切实际的乐观主义。”

2. 证实偏见

什么是“证实偏见”呢？就是人倾向寻找和自己信念一致的意见和证据。比如有一个人喜欢看科比打篮球，并且对科比参加的每一场比赛都充满信心，就算科比哪次比赛失误了，他也会找到各种证据为科比辩护，而不会寻找与自己观点相悖的证据。这种行为就是“证实偏见”，它会让人过度盲目，因为它只让人看到对自己有利的信息，让人们更加乐观地相信自己的判断，而不去思考事实到底是什么。

所以，无论学习、工作或者做其他事情，都应该对信息保持客观公正的分析能力，不过分乐观，也不过分悲观。同时，在“渐变”的环境，或者看似不变的舒适区中，还应该保持一定的危机感，这样才不会变成温水里的青蛙。

什么是危机感呢？危机感就是事态令人感到危险，感觉到有事物威胁到自身，并为此紧张。当危机感来临的时候，我们必须对现状做出改变，鼓起勇气，迎接挑战。尤其是在“生死存亡”的危机感面前，人的潜能更容易被激发，人的勇气也会暴涨，甚至会无所畏惧。

哈佛商学院教授理查德·帕斯卡尔有句名言：“21世纪，没有危机感是最大的危机。”

在瞬息万变的现代社会，竞争无处不在，无论你是学生，或者已经工作了，多多少少会产生危机感。因为身边的人都在努力奔跑，如果稍有松懈，就有可能被社会淘汰。

危机感不仅会给人带来压力，也会给人带来动力。如果过于乐观，没有危机感，人就不会努力奔跑，对事业和生活就会失去兴奋感，就容易让人安于现状，不思进取，失去创造力。

你喜欢抢占先机，还是后来居上

中国明代的一部箴言集《增广贤文》中有一句话：莫道君行早，更有早行人。

这句话用现代人的语言来说就是，别说你出发很早，还有比你更早的人。当今社会竞争激烈，如果不懂得先行一步，抢占先机，随时都有被淘汰的可能。而且，今天你落后一步，明天就需要用两步去追赶。

千百年前的古人都知道，成功属于先行一步的人，古代战场上也讲究"以快制胜"。现代人不比古代人聪明吗？面对巨大的竞争压力，唯有抢占先机，才能从千千万万的竞争者中脱颖而出。比如同一家公司里的员工，学历、能力可能都相差无几，但到月底或季末查看业绩时，总有人领先，也有人落后。为什么会产生这样的差距呢？答案就是，有人先行一步，抢占先机；有人更加努力，也更加勤恳。

天道酬勤，勤能补拙。机会永远留给有准备的人，而不是整天赖床的人。

哈佛学子也懂得"抢占先机"的道理——当他们有了自己的目标之后，会立刻执行，让自己快人一步，因为他们知道，半点拖延都有可能让自己落于人后。

现代社会竞争越来越大，谁能成为时间的主人，能在最短的时间内获得最大的效益，谁就是人生的赢家；谁能比别人快一步，把时间的功用发挥到极致，谁就拥有了行动的主动权。

思科总裁钱伯斯提出一个著名的“快鱼法则”，他在谈到现今经济的发展规律时说道：“现代社会的竞争已经不再是传统的‘大鱼吃小鱼’，而是‘快鱼吃慢鱼’。”

如果你是一条“慢鱼”，就必须从现在开始加快自己的速度，否则只会被身边的“快鱼”吞食。想要获得进步与成功，就要学会快人一步。那些能够将竞争者“挑落马下”的人，其实并没有什么绝招可言，他们只是在竞争者出手之前，在时间上比竞争者快了一点而已。这也是哈佛人的制胜绝招——总比别人快一步，总比别人更优秀！

《增广贤文》里还有一句话：“先到为君，后到为臣。”

在这个“快者为王”的时代，最出色的人往往都能够快人一步。早起的鸟儿有虫吃，“先到先得”是亘古不变的真理。只有比别人更加努力，快人一步，抢占先机，才能获得更大的成功。要知道，能够被铭记的只有“第一”，没有“第二”。

在国际体育赛场上，人们的目光只会聚集在冠军身上，很少有人会去关注亚军或季军；人们都知道第一个登上月球的人是阿姆斯特朗，可是第二个、第三个登上月球的人是谁呢？

无论你的梦想是大是小，都应该学会抢占先机，成为最出色的人，而不是想着后来居上，通过捷径超越别人。世界上能够后来居上的人并不多，如果后行者真的超越了先行者，那么他肯定也付出了加倍的努力。因为在时间上落于人后，就必须在行动上更加努力。

当然，“快人一步”并不是冲动和盲目。我们既追求效率，更要追求质量。在努力奋斗的过程中，要根据计划的执行进度和执行情况进行反思。比如“今天我完成了哪些学习目标？”“这一周我的学习成绩提高了多少？”“我离自己的终极目标还有多远？”等。

这样的反思能够帮助我们进行自我检视，让我们更好地把握自己的执行力，即自己在一定的时间内可以做多少事情，是否到达了极限，有没有提升空间，等等。

哈佛大学流传着这样一句富有哲理的话："种一棵树最好的时间是十年前，其次是现在。"

为什么很多人的梦想都在时间的长河里搁浅了？因为没有执行，没有早起，没有快人一步，更没有别人努力。所以，梦想都搁浅了，都被自己的竞争者所碾碎。

作家克雷洛夫曾经说过："现实是此岸，梦想是彼岸，中间隔着湍急的河流，行动则是架在河上的桥梁。"当人生遭遇湍流，你还能勇敢地面对吗？梦想的好处是能增加人对生活的热情，使你在接受考验的时候，还能为了梦想而勇敢面对现实。然而，除非我们以理想为基础，先行一步，抢占先机，否则，任何美好的梦想都是难以实现的。

在充满竞争的新时代，只有"快鱼"才能抢占先机，才能脱颖而出。

洞悉潜在自我，成为自我觉醒的第一批人

美国著名作家大卫·福斯特·华莱士讲过这样一个富有哲理的小故事：

两条年轻的鱼在水中快活地游动。这时，一条老鱼游了过来，打招呼说："早上好啊，孩子们，这水怎么样？"两条年轻的鱼尴尬地笑了，问老鱼："什么是'水'？"

回到现实中，很多人不都是生活在"水"中，而不知"水"吗？

孩子的生活就是每天早起去学校，学习、学习又学习，偶尔可以和小伙伴玩玩游戏，在一堆作业中度过自己的童年；成年人就是早起去公司，工作、工作又工作，偶尔休假聚会，第二天又得周而复始，重复同样的生活……

无论孩子，还是成年人，都很容易在周而复始的生活中，形成无意识的惯性：无意识地生活、工作和学习，无意识地翻开作业本，无意识地打开手机……这种无意识的状态，就像长时间生活在水中的鱼一样，已经不知道水是什么了。

中国有句古诗："不识庐山真面目，只缘身在此山中。"

如果一个人没有"自我觉醒"，那么他就看不清自己，也看不清这个世界，更不知道自己在这个世界中所处的位置、所存在的意义。唯有自我意识的觉醒，才能让人认清自我、看清这个世界，否则将永远"不识庐山真

面目”，永远活在“不自知”的状态中！

那么，我们应该如何洞悉潜在自我，成为自我觉醒的第一批人呢？

哈佛大学医学博士尼尔·西格尔在《如何让孩子自觉又主动》中提出一个观点：有的孩子能够自觉又主动地学习，是因为他们具有一个“开放式大脑”。它能够帮助孩子自我觉醒，主动投入到生活与学习之中，真诚而充分地做“自己”。

什么是“开放式大脑”呢？尼尔·西格尔解释说：所谓“开放式大脑”，就是孩子能够洞悉潜在——知道自己是谁、自己可以成为谁；能够意识到自己有能力克服困难与挫折，从而自觉地去过富有意义的生活；他们主动学习、主动创造、主动进入自我角色之中。

“开放式大脑”具有以下四种特质：

1. 复原力：在遇到困难、遭受挫折和打击之后，能够重新振作起来的能力。

2. 平衡力：能够管理好自己的情绪与行为，不让自己心理和身体失去平衡的能力。

3. 共情力：理解他人观点、关心他人、在适当的时候采取行动、改善现状的能力。

4. 洞察力：洞悉潜在自我，对自我有一个客观、全面、正确的认识的能力。

以上四种特质，能够帮助我们成为“自我觉醒”的第一批人。

我们知道，一个人对另一个人的认知、观点、看法，往往偏重主观。我们如何去看待某个人、某个事物，取决于我们的看法；这个人、这个事物会让我们产生怎样的思考、怎样的情绪反应则取决于我们的想法。只有“自我觉醒”的人，才不会沉溺在主观世界里而不能客观地看待事物。世界上每个人都有自己的看法和想法，正如卡耐基在《人性的弱点》中所说的那样：“有两个人从铁窗朝外望去，一个人看到的是满地泥泞，另一个却看到满天的繁星。”

同样的风景，不同的人看到不同的意义；同样的事物，不同的人拥有不同的看法。

世界就像一面镜子，我们能够透过它看到自己的内心；“自我觉醒”也是一面镜子，透过它我们能够看到整个世界。那么，如何才能“自我觉醒”呢？

首先应该明白，我们对外界的看法，会影响我们的认知、我们的思考方式和行为方式。看法是如何产生的呢？它是知识积累的结果，也是我们对善恶对错的抉择。每个人对外界事物都有自己的看法，但不会偏离道德、人性的范畴。

其次，我们对自己的看法，会影响自我认知，也就是如何认识自己。自我认知又包括自我观察和自我评价。自我观察是指对自己的感知、思维和意向等方面的觉察；自我评价是指对自己的想法、期望、行为及人格特征的判断与评估，这是自我调节的重要条件。

“自我觉醒”是一个哲学概念，指的是“内在自我发现、外在创新的自我解放意识”。

自我发现也就是自我认知，包括自我观察和自我评价。自我观察也叫自我内省法，是由德国心理学家威廉·冯特提出的一个心理学概念，他认为自我观察是对自我所感、所知、所思、所想、情感、意向等内部经验感受的观察和分析，即“认识自己”。自我评价比较好理解，就是自己对自己的思想、愿望、行为和个性特点的判断和评价。

人们常说“自己才是生命的主宰”。一个人拥有了“自我觉醒”的能力，便能认清自我、认清世界，便能找准自己的定位，掌控自己的人生。

在行动之前，预判他人的预判

很多人从小接受的教育就是，要成为一个“立即行动”的人，因为“行动比思考更重要”“实践永远大于思考”。但人们忽略了一个很重要的问题——行动都有一个前提，那就是思考足够充分。想要克敌制胜，就要预判他人的预判，在行动之前有周密的计划。

从神经学的角度来说，我们所采取的任何行动，都是大脑思考过的。哪怕一个简单的肢体动作，也是大脑发出行动指令，通过神经传导给四肢的。

只不过，思考有深浅之分——有的行动简单而机械化，不需要我们过多思考；有的行动则十分复杂，需要我们再三思考。如果在进行一些复杂的行动之前，缺乏深度思考，最后的结果可能会很糟糕。因为思考是行动的指南，缺乏思考便立刻付诸行动的人，就像无头苍蝇一样，立刻失去方向，四处乱撞。

“立刻付诸行动”必须有一个前提，就是思想做好了准备，否则就会显得冲动、鲁莽、有勇无谋。相反，如果在付诸行动之前，进行深度思考，才能保证行动不容易出错。

行动固然重要，但是在出发之前，我们更应该找准前进的方向，在脑海中绘制好行动的“路线图”，真正地做到胸有成竹。想要做到这一点，精准的判断力必不可少。

哈佛“核心课程”的设计者亨利·罗索夫斯曾说：“一个受过良好教育

的人，具有明智的判断力和抉择力；具有丰富的生活经验，对世界各种文化及时代有深刻的认识。”

在亨利·罗索夫斯看来，培养学生精准的判断力十分重要，它能够帮我们快速找到解决问题的出口，让我们正确地辨别事物的真假，做出最科学、合理的决策。

什么是判断力呢？就是一个人对某个事物的真假、好坏、善恶的分析和抉择的能力。它也是人面对现实采用什么样的态度和表现出什么样的行为方式的决定因素。比如我们在学习中需要判断力，对某个问题的答案进行分析和抉择，通过判断来选择最正确的答案。

如果判断力不足，则会给我们的学习、工作、生活带来诸多影响，比如判断力不足导致我们无法正确辨别信息的真伪，在学习中遗漏或偏信某些知识信息，在生活和工作中分不清轻重缓急，甚至不分青红皂白，更无法对事物做出准确的预判等等。

我们在对某个事物进行判断之前，需要搜集信息，信息足够多了以后再通过以下几种方式做出判断：一是通过自己所学到的知识、经验做出判断；二是通过以往的经历做出判断；三是随着事物的变化，不断修正信息做出判断。无论以哪种方式进行判断，都离不开三大要素，那就是大脑、知识和信息。有的人判断力不足，无法预测事物的发展，无法预判他人的预判，往往就是自己的知识结构不完善，抑或信息不足导致的。

所以，我们要学习更多的知识，不断扩大大脑的认知，同时也要培养大脑的思维能力。这样才能让自己拥有精准的判断力，对事物发展也有一个更精准的预判。

如学习设计的朋友都知道，现在行业内比较盛行的观点就是：在产品设计研发之前，最重要的是做出“快速原型”。也就是说，不用思考太多，而应该先把“样品”做出来，这样更有利于灵感获取。

如果仅仅是图省事而放弃思考，或者因为“在某本书里看到这样的观点”“某位学者曾经这样说过”而贸然采取行动，可能会渐渐失去深度思考的能力以及精准的判断力。

在行动之前，先要学会预判，这样才能真正做到胸有成竹。

紧迫感是一种正向的“压力连锁反应”

每个人都喜欢待在自己的舒适区里，因为它能将我们的不确定性、匮乏感和紧迫感都降到最低，并且让我们“自以为”拥有足够多的爱、食物以及时间……

只要人们走出自己的舒适区，就会感到不舒服、不习惯、不安全。

一个人长时间待在自己的舒适区里，就会像温水煮青蛙里的那只青蛙一样，对自身的能力、状况和环境产生错误的认知，更无法识破被美化、被掩盖的生活真相；不再敏感于时间的流逝，对未来没有任何展望，安于现状并且自我满足；渐渐有了习惯性的行为模式和思维定式，越来越缺乏紧迫感……久而久之，人的意志也会被消磨，最终走向颓废、灰暗的人生。

哈佛商学院教授约翰·科特在《紧迫感》一书中写道：“紧迫感是多变经济形势下的核心生存能力！做得出色的组织无疑都具备一种宝贵的要素——紧迫感。真正的紧迫感是领导变革和应对危机的关键，却没有人发现它。”

紧迫感可能会让人感觉不适，甚至给人带来压力，它却能给我们带来一种正向的“压力连锁反应”。正如哈佛“幸福学”导师泰勒·本·沙哈尔博士在“积极心理学”课堂上所说的那样：“压力本身并不是问题，适当的压力对我们甚至有益处。”

泰勒·本·沙哈尔博士明确指出，适当的压力可以培养我们的忍耐力，让我们学会调整作息，从而更好地应对危机。比如我们在健身过程中，肌肉也在承受一定的压力，甚至会让肌肉纤维在一定时间内被撕裂，然后通过吃一些富含蛋白质的食物，让撕裂的肌肉再生长出来，并且比以前更加强壮。这便是肌肉承受压力后的变化，长时间撕裂、补充和生长，让我们获得更加强壮的肌肉，以及更加完美的身材。

压力作用于我们精神的时候，其实也是同样的道理，压力让我们的大脑去应对问题，再通过解决问题获得更强的能力。但是去过健身房的人都知道，天天练习只会造成肌肉拉伤，反倒是隔天一练或隔两天一练才能获得效果。只有过大、过频的压力才会压垮我们，没有时间恢复，才是造成我们抑郁、焦虑、心理不适的罪魁祸首。

可见，紧迫感带来的适当压力，可以磨炼人的意志，锻炼人的能力，让人不断进步。

相信很多人都看过电影《少年派的奇幻漂流》。电影的主角是一位少年。在一次海难中，他的家人全部丧生，而他只能依靠一条救生船在大海上漂流。生存的紧迫感萦绕在他的心头，并且他愕然发现，救生船上居然还有一头凶猛的孟加拉虎。少年与老虎之间发生过冲突，也有过妥协，斗志又斗勇。少年的生命时刻处于危机中，只要一个不小心，他便会葬身于虎口。然而，正因为老虎带来的紧迫感与危机感，才让少年时刻保持警惕和斗志，他在大海上漂泊了227天，并最终获救。

如果没有老虎的威胁，或许少年早就淹没在茫茫的大海之中了。

现实生活中，人们总喜欢待在自己的舒适区里，而不愿走出舒适区，去面对改变、挑战和紧迫感。虽然人人都知道“生于忧患，死于安乐”的道理，但更多人更喜欢待在自己舒适而安全的小世界里。如果不愿承受紧迫感带来的压力，又如何战胜自我，一步步迈向成功呢？

每到开学季，哈佛大学的校报都会对刚入学的新生进行一次详细的问卷调查，主题不拘一格，从科学、政治、历史，到文学、艺术、兴趣日常。

2019年秋季入学期间，哈佛校报便收集了1 064名新生的资料以及问卷回答，约有65%的新生接受了调查，从中所获取的数据能够充分显示出新生的各种特点和心理倾向。除了老生常谈的时间管理、学习计划等主题，问卷调查还专门提出了学生的“自我要求”，结果显示有近八成的哈佛新生“自我要求极高”，78.3%的同学压力来源是自我期望，来自外界的压力只占了12.6%。这意味着，学生的自我要求带来的压力远高于外界给的压力！

虽然哈佛学子每天都要面对繁重的学业压力，以及“自我要求”带来的紧迫感，但他们并没有因此而倦怠，反而获得了一种正向的“压力连锁反应”。适当的压力，让他们时刻处于“备战”状态，对学习从不掉以轻心。

这也是哈佛人的信念：相信自己可以学好，哪怕有一定的压力！

理性怀疑，才能发现人生的深度命题

哈佛学子善于学习，但对于自己所学的知识，他们不会盲目相信，而会保持理性怀疑。

哈佛商学院教授、世界顶级管理思想大师拉凯什·库拉纳曾经说过：“我希望你们敢于质疑。作为教育者，我们也是这样做的：常提问，多寻依据，考虑多方观点。同时，我希望你们也做个理想主义者，具有质疑精神的理想主义者，但不是一味地愤世嫉俗。多提复杂的问题，并努力对此做出解答。”

“理性怀疑”是哈佛学子普遍具有的学习态度。哪怕是所有人都认同的权威，他们也会理性怀疑。这样的学习态度，让哈佛学子的思维十分开阔，他们敢于打破常规，而不会受到思维定式的影响。哈佛教授也鼓励学生，对一切事物保持“理性怀疑”的态度。

世界上并没有绝对的事物，权威也存在一定的局限性——它只能代表前人的经验总结或者权威人士的一面之词，而事物时刻在变化，过度迷信权威，只会阻碍一个人的创新能力以及前进的步伐。正如哈佛大学的霍曼博士所说：“创造性思维有点像思维越狱，打破思维定式和常规套路，摆脱路径依赖，把思路从已经久用的方法上移开，需要创造性的重复，从历史和艺术中寻求灵感，而不是简单重复。”

当你对某个事物进行“理性怀疑”时，大脑便已经开始进行创造性思考了。

人类的劣根性之一，就是对权威的盲目服从，有时连自己的选择都被他人所操控，甚至在不自觉的情况下，做出违背自身意愿的决定。大多数人不都是如此吗？大家所认同的东西，自己也会选择认同，无论这种认同是否出于自己的思想。

法国科学家让·亨利·法布尔曾经做过一个有趣的实验：他把许多条松毛虫放在一只花盆的边缘，使其首尾相接成一圈，然后在花盆旁边放了一些松毛虫爱吃的松叶。结果只见松毛虫围绕着花盆一圈又一圈地走，一走就是七天七夜，最后尽数死在劳累和饥饿之中。让人感到遗憾的是，只要其中一条松毛虫能够改变路线，就能吃到花盆旁边的松叶了。

动物如此“盲目”和“从众”，那比动物更聪明的人呢？

社会心理学家研究发现，人的心理和行为都很容易受到外界的影响，这些影响包括外界的各种信息和规则，当然也包括权威的思想与言论。

当我们受到外界人群的影响时，总会通过调节自己的认知和判断来让自己表现得更符合公众的标准。在一般情况下，多数人的意见可能是正确的，但是我们之前已经说过“真理有时候掌握在少数人手中”，所以也会出现多数人都是错误的情况。

拥有“从众心理”的人，都缺乏独立思考与独立判断的能力，也很难分清决定的错与对，因为在他们看来，大多数人认为的“对”才是真正的对，而大多数认为的“错”就一定是错。如果有某种观点得到“权威”认证，他们更不会提出质疑，只会盲目跟从、信服。

美国耶鲁大学的心理学助理教授斯坦利·米尔格兰姆对这种情况进行了广泛而深入的研究，最后得到的结论是：“盲目和不经思考地服从权威，可能会给自己带来毁灭性的灾难。”

斯坦利·米尔格兰姆教授还明确指出，无论多么简单的定论，我们都不能凭借自己的主观臆测去做出判断，哪怕服从权威或者权威效应确实存在，但是在缺少严密的实验研究和理论认证的情况下，仍然不能妄断其中的科学性与准确性。

正因为如此，我们才应该让自己保持“理性怀疑”的态度，更要有“质疑权威”的勇气。

那些真正实现创新，或者有重大发现的优秀人才，往往能够打破过去的很多成见。我们可以尊重权威并虚心向权威学习，但是绝不能迷信权威，而应该时刻保持质疑的精神。

当我们用“理性怀疑”的眼光看这个世界时，会发现很多“问题”的存在，对任何“权威”，都能够持有质疑的态度，而不是盲从。要知道，在科学研究中，可能有9 999个想法都不会得到结果，第10 000个想法却可能改变整个人类的命运。

古人劝诫我们要“博学之，审问之，慎思之，明辨之，笃行之”。意思是说，要让自己博学多才，要对学问详细地询问，要彻底搞明白，要慎重地思考，要明白地辨别，要切实地力行。只有这样，才能拥有独立的思维，才能真正地学习到知识，而不是被权威误导。

对于学问，我们应该保持“理性怀疑”的态度，对于其他事情，也应该如此。